U0166697

马克思是最先了解达尔文的研究的全部意义的人物之一。早在达尔文《物种起源》一书出版的1859年——十分凑巧，马克思的《政治经济学批判》也在这一年出版——以前，马克思就已经估计到达尔文学说的巨大作用。达尔文远离大城市的喧嚣，在他宁静的庄园里准备着一场革命，马克思自己在世界嚣嚷的中心所准备的也正是这场革命，差别只在于杠杆应用的另一点罢了。

——威廉·李卜克内西

我现在正在读达尔文的著作，写得简直好极了。目的论过去有一个方面还没有被驳倒，而现在被驳倒了。此外，至今还从来没有过这样大规模的证明自然界的历史发展的尝试，而且还做得这样成功。

——弗里德里希·恩格斯

科学元典丛书 · 学生版

The Series of the Great Classics in Science

主　　编　任定成

执行主编　周雁翎

策　　划　周雁翎

丛书主持　陈　静　张亚如

科学元典是科学史和人类文明史上划时代的丰碑，是人类文化的优秀遗产，是历经时间考验的不朽之作。它们不仅是伟大的科学创造的结晶，而且是科学精神、科学思想和科学方法的载体，具有永恒的意义和价值。

科学元典丛书·学生版

物种起源

·学生版·

（附阅读指导、数字课程、思考题、阅读笔记）

[英] 达尔文 著　舒德干 等译

图书在版编目(CIP)数据

物种起源：学生版/（英）达尔文著；舒德干等译.—北京：北京大学出版社，2021.4

（科学元典丛书）

ISBN 978-7-301-31955-0

Ⅰ.①物… Ⅱ.①达…②舒… Ⅲ.①物种起源—达尔文学说—青少年读物 Ⅳ.①Q111.2-49

中国版本图书馆 CIP 数据核字（2021）第 005131 号

书　　名　物种起源（学生版）
WUZHONG QIYUAN（XUESHENG BAN）

著作责任者　［英］达尔文 著　舒德干 等译

丛 书 主 持　陈　静　张亚如

责 任 编 辑　陈　静

标 准 书 号　ISBN 978-7-301-31955-0

出 版 发 行　北京大学出版社

地　　址　北京市海淀区成府路 205 号　100871

网　　址　http://www.pup.cn　新浪微博：@北京大学出版社

微信公众号　通识书苑（微信号：sartspku）
科学元典（微信号：kexueyuandian）

电 子 邮 箱　编辑部 jyzx@pup.cn　总编室 zpup@pup.cn

电　　话　邮购部 010-62752015　发行部 010-62750672
编辑部 010-62707542

印 刷 者　北京中科印刷有限公司

经 销 者　新华书店
787 毫米×1092 毫米　32 开本　7.25 印张　110 千字
2021 年 4 月第 1 版　2023 年 12 月第 2 次印刷

定　　价　38.00 元

弁　言

Preface to the Series of the Great Classics in Science

任定成

中国科学院大学 教授

一

改革开放以来，我国人民生活质量的提高和生活方式的变化，使我们深切感受到技术进步的广泛和迅速。在这种强烈感受背后，是科技产出指标的快速增长。数据显示，我国的技术进步幅度、制造业体系的完整程度，专利数、论文数、论文被引次数，等等，都已经排在世界前列。但是，在一些核心关键技术的研发和战略性产品的生产方面,我国还比较落后。这说明,我国的技术进步赖以依靠的基础研究,亟待加强。为此,我国政府和科技界、教育界以及企业界,都在不断大声疾呼,要加强基础研究、加强基础教育!

那么,科学与技术是什么样的关系呢?不言而喻,科学是根,技术是叶。只有根深,才能叶茂。科学的目标是发现新现象、新物质、新规律和新原理,深化人类对世界的认识,为新技术的出现提供依据。技术的目标是利用科学原理,创造自然界原本没有的东西,直接为人类生产和生活服务。由此,科学和技术的分工就引出一个问题:如果我们充分利用他国的科学成果,把自己的精力都放在技术发明和创新上,岂不是更加省力?答案是否定的。这条路之所以行不通,就是因为现代技术特别是高新技术,都建立在最新的科学研究成果基础之上。试想一下,如果没有训练有素的量子力学基础研究队伍,哪里会有量子技术的突破呢?

那么,科学发现和技术发明,跟大学生、中学生和小学生又有什么关系呢?大有关系!在我们的教育体系中,技术教育主要包括工科、农科、医科,基础科学教育主要是指理科。如果我们将来从事科学研究，毫无疑问现在就要打好理科基础。如果我们将来是以工、农、医为业，现在打好理科基础，将来就更具创新能力、发展潜力和职业竞争力。如果我们将来做管理、服务、文学艺术等看似与科学技术无直接关系的工作，现在打好理科基础，就会有助于深入理解这个快速变化、高度技术化的社会。

我们现在要建设世界科技强国。科技强国"强"在哪里？不是"强"在跟随别人开辟的方向，或者在别人奠定的基础上，做一些模仿性的和延伸性的工作，并以此跟别人比指标、拼数量，而是要源源不断地贡献出影响人类文明进程的原创性成果。这是用任何现行的指标，包括诺贝尔奖项，都无法衡量的，需要培养一代又一代具有良好科学素养的公民来实现。

二

我国的高等教育已经进入普及化阶段，教育部门又在扩大专业硕士研究生的招生数量。按照这个趋势，对于高中和本科院校来说,大学生和硕士研究生的录取率将不再是显示办学水平的指标。可以预期,在不久的将来,大学、中学和小学的教育将进入内涵发展阶段,科学教育将更加重视提升国民素质,促进社会文明程度的提高。

公民的科学素养,是一个国家或者地区的公民,依据基本的科学原理和科学思想,进行理性思考并处理问题的能力。这种能力反映在公民的思维方式和行为方式上,而不是通过统计几十道测试题的答对率,或者统计全国统考成绩能够表征的。一些人可能在科学素养测评卷上答对全部问题,但经常求助装神弄鬼的"大师"和各种迷信,能说他们的科学素养高吗?

曾经,我们引进美国测评框架调查我国公民科学素养,推动"奥数"提高数学思维能力,参加"国际学生评估项目"(Programme for International Student Assessment,简称 PISA)测试,去争取科学素养排行榜的前列,这些做法在某些方面和某些局部的确起过积极作用,但是没有迹象表明,它们对提高全民科学素养发挥了大作用。题海战术,曾经是许多学校、教师和学生的制胜法宝，但是这个战术只适用于衡量封闭式考试效果，很难说是提升公民科学素养的有效手段。

为了改进我们的基础科学教育，破除题海战术的魔咒，我们也积极努力引进外国的教育思想、教学内容和教学方法。为了激励学生的好奇心和学习主动性，初等教育中加强了趣味性和游戏手段，但受到"用游戏和手工代替科学"的诟病。在中小学普遍推广的所谓"探究式教学"，其科学观基础，是20世纪五六十年代流行的波普尔证伪主义，它把科学探究当成了一套固定的模式，实际上以另一种方式妨碍了探究精神的培养。近些年比较热闹的STEAM教学，希望把科学、技术、工程、艺术、数学融为一体，其愿望固然很美好，但科学课程并不是什么内容都可以糅到一起的。

在学习了很多、见识了很多、尝试了很多丰富多彩、眼花缭乱的"新事物"之后，我们还是应当保持定力，重新认识并倚重我们优良的教育传统：引导学生多读书，好读书，读好书，包括科学之书。这是一种基本的、行之有效的、永不过时的教育方式。在当今互联网时代，面对推送给我们的太多碎片化、娱乐性、不严谨、无深度的瞬时知识，我们尤其要静下心来，系统阅读，深入思考。我们相信，通过持之以恒的熟读与精思，一定能让读书人不读书的现象从年轻一代中消失。

三

科学书籍主要有三种：理科教科书、科普作品和科学经典著作。

教育中最重要的书籍就是教科书。有的人一辈子对科学的了解，都超不过中小学教材中的东西。有的人虽然没有认真读过理科教材，只是靠听课和写作业完成理科学习，但是这些课的内容是老师对教材的解读，作业是训练学生把握教材内容的最有效手段。好的学生，要学会自己阅读钻研教材，举一反三来提高科学素养，而不是靠又苦又累的题海战术来学习理科课程。

理科教科书是浓缩结晶状态的科学，呈现的是科学的结果，隐去了科学发现的过程、科学发展中的颠覆性变化、科学大师活生生的思想，给人枯燥乏味的感觉。能够弥补理科教科书欠缺的，首先就是科普作品。

学生可以根据兴趣自主选择科普作品。科普作品要赢得读者，内容上靠的是有别于教材的新材料、新知识、新故事；形式上靠的是趣味性和可读性。很少听说某种理科教科书给人留下特别深刻的印象，倒是一些优秀的科普作品往往影响人的一生。不少科学家、工程技术人员，甚至有些人文社会科学学者和政府官员，都有过这样的经历。

当然，为了通俗易懂，有些科普作品的表述不够严谨。在讲述科学史故事的时候，科普作品的作者可能会按照当代科学的呈现形式，比附甚至代替不同文化中的认识，比如把中国古代算学中算法形式的勾股关系，说成是古希腊和现代数学中公理化形式的“勾股定理”。除此之外，科学史故事有时候会带着作者的意识形态倾向，受到作者的政治、民族、派别利益等方面的影响，以扭曲的形式出现。

科普作品最大的局限，与教科书一样，其内容都是被作者咀嚼过的精神食品，就失去了科学原本的味道。

原汁原味的科学都蕴含在科学经典著作中。科学经典著作是对某个领域成果的系统阐述，其中，经过长时间历史检验,被公认为是科学领域的奠基之作、划时代里程碑、为人类文明做出巨大贡献者,被称为科学元典。科学元典是最重要的科学经典,是人类历史上最杰出的科学家撰写的,反映其独一无二的科学成就、科学思想和科学方法的作品,值得后人一代接一代反复品味、常读常新。

科学元典不像科普作品那样通俗,不像教材那样直截了当,但是,只要我们理解了作者的时代背景,熟悉了作者的话语体系和语境,就能领会其中的精髓。历史上一些重要科学家、政治家、企业家、人文社会学家,都有通过研读科学元典而从中受益者。在当今科技发展日新月异的时代,孩子们更需要这种科学文明的乳汁来滋养。

现在,呈现在大家眼前的这套"科学元典丛书",是专为青少年学生打造的融媒体丛书。每种书都选取了原著中的精华篇章,增加了名家阅读指导,书后还附有延伸阅读书目、思考题和阅读笔记。特别值得一提的是,用手机扫描书中的二维码,还可以收听相关音频课程。这套丛书为学习繁忙的青少年学生顺利阅读和理解科学元典，提供了很好的入门途径。

四

据2020年11月7日出版的医学刊物《柳叶刀》第396卷第10261期报道，过去35年里，19岁中国人平均身高男性增加8厘米、女性增加6厘米，增幅在200个国家和地区中分别位列第一和第三。这与中国人近35年营养状况大大改善不无关系。

一位中国企业家说，让穷孩子每天能吃上二两肉，也许比修些大房子强。他的意思，是在强调为孩子提供好的物质营养来提升身体素养的重要性。其实，选择教育内容也是一样的道理，给孩子提供高营养价值的精神食粮，对提升孩子的综合素养特别是科学素养十分重要。

理科教材就如谷物，主要为我们的科学素养提供足够的糖类。科普作品好比蔬菜、水果和坚果，主要为我们的科学素养提供维生素、微量元素和矿物质。科学元典则是科学素养中的“肉类”，主要为我们的科学素养提供蛋白质和脂肪。只有营养均衡的身体,才是健康的身体。因此,理科教材、科普作品和科学元典,三者缺一不可。

长期以来,我国的大学、中学和小学理科教育,不缺"谷物"和"蔬菜瓜果",缺的是富含脂肪和蛋白质的"肉类"。现在,到了需要补充"脂肪和蛋白质"的时候了。让我们引导青少年摒弃浮躁,潜下心来,从容地阅读和思考,将科学元典中蕴含的科学知识、科学思想、科学方法和科学精神融会贯通,养成科学的思维习惯和行为方式,从根本上提高科学素养。

我们坚信,改进我们的基础科学教育,引导学生熟读精思三类科学书籍,一定有助于培养科技强国的一代新人。

2020 年 11 月 30 日

北京玉泉路

目　　录

下篇　学习资源

上　篇

阅读指导

Guide Readings

舒德干

中国科学院 院士

达尔文之路

达尔文进化思想的三个来源

自然选择和万物共祖学说的建立

进化学说的各种难点及其化解

生物的时空演替证据及亲缘关系对进化理论的支撑

达尔文之路

1809 年 2 月 12 日，在人类社会历史上，是一个极不寻常的日子。这一天，在大西洋两岸，分别诞生了一位伟大的政治家和一位伟大的科学家：在大西洋西岸的美国，被历史学家公认的美国历史上最伟大的总统林肯(A. Lincoln，1809—1865)呱呱坠地。他在消灭种族歧视，从而在人类深层次的自我解放运动中的影响，将会永远延续。不但黑人会永远记得这位正直的律师，而且其他各色人种也会对他心存敬意。

在大西洋东岸的英国，一位叫做查尔斯·达尔文(C. R. Darwin，1809—1882)的科学巨人，在一个叫作什鲁斯伯里的小城悄然降临人间；他日后创立的进化学说，在推进科学进步和人类精神解放中放射出的光芒，永远也不会熄灭。我们的千百代子孙后代，仍然会在他们的课本中，读到达尔文这个不同寻常的名字，并沿着他的思想一直走下去。

然而,达尔文并非牛顿(I. Newton,1643—1727)、爱因斯坦(A. Einstein,1879—1955)那样的天才。他从小活泼好动,颇为顽皮。起初,达尔文与小他一岁的妹妹凯瑟琳同校学习,成绩却远不如妹妹。但是,达尔文有一种不同于其他兄弟姐妹的天性,便是对自然历史的强烈求知欲,尤其在搜集贝壳、印鉴、邮票、矿物标本等方面,他有极大的兴趣。达尔文从不满足于一般的标本采集,而喜欢对自己观察到的各种现象进行思索,寻求现象背后的机理。有这样一个例子,在上小学的时候,他从家里到学校,要经过一段旧城墙;有一次,在上学的路上,小达尔文由于陷入对一件事情的沉思,不慎跌下城墙。幸亏城墙只有七八英尺①高,才未造成严重后果。

对于旧式学校中古板的教学,少年达尔文毫无兴趣。因为,这种学校除了古代语言之外,只教一些古代历史和地理,他不喜欢这些书本上的死的知识。在别人眼中,他只是一个十分平庸的孩子。甚至有一次,父亲批评小达尔文,说了一句令他十分难堪的话:“你对正经事从不专心,只知道打猎、玩狗、逮老鼠,这样下去,你将来不仅要丢自己的脸,也要丢全家的脸。”

---

① 1英尺=0.3048米。——编辑注

达尔文在回忆录中写道：在学校生活阶段，对他后来影响最大的，是他广泛而浓烈的兴趣。凡自己感兴趣的东西，能如痴如醉；对一些复杂的问题和事物，他总有穷根究底的强烈愿望。欧几里得（Euclid，约前330—前275）《几何原本》中严密的逻辑推理，和他姑父给他讲解的晴雨表上的游标原理，给他留下了深刻的印象。达尔文小时候读到一本名为《世界奇观》的书，便萌发了周游世界的欲望。幸运的是，大学毕业后，达尔文作为博物学家，参加了为期五年的"贝格尔号"舰环球航行，终于实现了儿时的梦想。

1825年10月，达尔文只有16岁，中学课程尚未结业，父亲便将他送进苏格兰的爱丁堡大学学医。由于课程枯燥无味，加上无法忍受对外科手术的恐惧，在学了两年医学后，他决心中断学医。无奈，父亲便依从了达尔文想成为一名乡村牧师的意愿。于是，1828年新年伊始，达尔文便迈进了剑桥大学基督学院的大门。尽管课程设置没能引起他的兴趣，但最终获得了并不丢脸的成绩。这期间，他仍然爱好狩猎、郊游，钟爱搜集甲虫标本，有时达到痴迷的程度。有一天，他剥开一片老树皮，发现两只稀有甲虫，欣喜至极，便用两只手各抓住一只。接着，又发现第三只新种类，他便不顾一切地将右手里的一只放在嘴里。不料,甲虫分泌出令人难以忍受的辛辣液体,使达尔文舌头发烫难忍,他只好将这只甲虫吐掉了,结果第三只甲虫也趁机逃之夭夭。

在剑桥求学期间,对达尔文日后影响最大的人,是他的指导教师亨斯洛(J. S. Henslow,1796—1861)教授。亨斯洛教授虽然主讲植物学,但他也精通昆虫学、化学、矿物学和地质学。本来,达尔文对地质学并无兴趣,但在亨斯洛教授的建议下,他在剑桥最后一年,选修了地质学,并随当时剑桥的地质学大师塞奇威克(A. Sedgwick,1785—1873),到威尔士进行了一次卓有成效的野外地质实习。这儿要说明一下,塞奇威克是地质学上“寒武纪”这个术语的命名者。这次实习刚结束,亨斯洛教授便推荐刚刚大学毕业的达尔文,跟随英国“贝格尔号”舰进行环球航行;达尔文在船上的身份,是船长的高级陪侍和兼职博物学家。但在航行途中,由于原定的专职医生和博物学家的退出,达尔文便开始名正言顺地履行正式博物学家的职责。达尔文一生的事业和命运,便由此改变。

历史就这样给他开了个善意的玩笑。达尔文原本立志献身上帝,做个虔诚的牧师,以抚慰芸芸众生苦难的灵魂。不曾想,一次历时五年的环球航行,却铸就了一个无神论的先锋，并由此从根本上改变了人类千百年来“上帝创造一切、主宰一切”的思想观念。但是，这也给上帝的万千忠实信徒们，带来了新的烦恼。

在这漫长的五年中，达尔文不仅仔细观察和研究了大量地质现象，解决了珊瑚岛的成因问题，成为当时一位著名的地质学家，而且更重要的是，还搜集到大量生物变异和古生物演变的事实。这些活生生的事实，在20多年后，终于构成他的进化学说的基本砖石。科学探秘的浓厚兴趣，常常构成科学家从事研究的巨大动力。用达尔文自己的话说，他不遗余力地工作，渴望在浩瀚的自然科学领域有所发现、有所贡献。此时，他已萌发野心，渴望将来能成为一名伟大的科学家。

从“成家”和“立业”这两件人生大事上看，1836年到1839年，正是达尔文同时奠定人生幸福和事业辉煌的关键时期。这期间，他不仅建立了影响他一生的幸福家庭，而且还完成了世界观的根本转变，形成了鲜明的进化思想和自然选择学说的思想框架。历时五年的环球航行，尽管使他脑子里充满了新鲜生动的演化事实，但一时还难以从根本上改变他的自然神学世界观。

1837年和1838年，先后发生了两件事，在一般人看来也许十分平常，但对于善于思索的“有心人”，则似“于无声处听惊雷”,给达尔文以强烈的震撼,促使他的学术思想发生了两次根本性转变,完成了两次重大飞跃。

一件事发生在1837年3月,当时,英国著名鸟类学家古尔德(J. Gould,1804—1881)指出,达尔文从加拉帕戈斯群岛采回的众多嘲鸫(dōng)标本中(嘲鸫是一种鸟),不同岛上的嘲鸫的标本,差异很大,应该属于不同的物种。这一看法,对达尔文启发很大,使他对物种固定不变论产生了怀疑,并开始着手搜集“物种演变”的证据。到1837年7月,他便完成了第一本物种演变的笔记;七个月后,他又完成了第二本。至此,应该说,他已基本上完成了由自然神学观到进化论自然观的转变。

第二件事,发生在1838年10月,达尔文阅读了英国人口学家、经济学家马尔萨斯(T. R. Malthus,1766—1834)撰写的一本书,叫作《人口论》。他激动万分,豁然开朗。他联想到,在生物界,物种“在激烈的生存斗争中的有利变异,必然有得以保留的趋势,并最终形成新物种”。于是,以生存斗争为核心的自然选择学说的思想就此萌生。又经过四年的缜密思考,1842年6月,达尔文用铅笔将这一学说写成35页的概要,两年后再将它扩充成230页的完整理论。

从1844年理论思想的基本完成，到1859年《物种起源》的正式面世，花了15年时间。这对于一位多产的世界顶尖级学者来说，似乎是难以理解的。其实，这里可能有两方面的原因。第一个原因，是连续的疾病耗去不少岁月之外，五年环球航行留下大量工作亟待整理和发表，占去了绝大部分可用时间。第二个原因，很可能是在“等待时机”。法国进化论者拉马克（J.-B. Lamarck，1744—1829），挑战神创论失败的教训，使他深深懂得，这个与“上帝创造世界”的教条背道而驰的重大主题，一方面需要更深入仔细的论证，需要收集更多进化事实来支撑，同时，更需要适宜的思想舆论背景。不然，很容易被悲惨地扼杀在摇篮中。

从1839年到1842年，这期间达尔文留居伦敦。由于几次连续的小疾和一次大病，夺去了他许多宝贵的时间。尽管这段时期，成果较少，但很值得称颂的是，此时完成的关于珊瑚堡礁和环礁形成机理的学说，至今仍广为学术界所接受。在伦敦这个科学思想活跃的大都市，达尔文结识了许多著名科学家和知名人士，这对他科学思想的发展颇有助益，尤其是与当时最伟大的地质学家莱伊尔（C. Lyell，1797—1875）的频繁交往，使他受益匪浅。

从1842到1859年，达尔文由于健康状况不佳，很希望能逃离伦敦的喧嚣，一边静养病体，一边潜心享受自己的科学探秘。于是，在他父亲和岳父的慷慨资助下——这里要说明一下，达尔文的岳父也是他的舅父，达尔文是近亲结婚——达尔文在伦敦东南一个叫党村的偏僻小村庄，购买了一座旧庄园党豪思，英文叫作“Down House”，过去也曾有人将它汉译为“达温”“唐恩”等。在将任何外文中的人名、地名等进行汉译时，一般都应遵循音译或意译的原则，尽量避免翻译的随意性。我们之所以将“Down House”译为“党豪思”，就在于它既是音译又是意译，应该较为贴切和严谨。现在，几乎没有人怀疑，“党豪思”已是诞生进化论的圣地，是孕育最杰出思想家的摇篮；“党豪思”恰好表达了“出自党村的杰出思想家的摇篮”这一层含义：豪者，豪杰也；思者，思想家也。

实际上，在“党豪思”，有两个著名的“思”，一个是称作“思索之路”的沙径，另一个是孕育达尔文思想的书房，它们都是来访者必到的打卡之地。自1842年举家迁往“党豪思”，他们一住便是整整40年，直至达尔文逝世。这期间，达尔文的健康状况缓解的机会不多，他一直受到剧烈颤抖和呕吐的折磨，一般认为，这是他环球航行时不慎感染疾病所致。于是,多年来,他不得不尽力回避参加宴会,甚至连学术上的几位挚友,他也越来越少邀请他们到家中小聚。达尔文在自传中写道:"我一生的主要乐趣和唯一职业,便是科学工作。潜心研究常使我忘却或赶走了日常的不适。"1846 年,达尔文在日记中感叹道:"现在我回国 10 年了,由于病痛,使我虚掷了多少光阴!"其实,就是在如此恶劣的健康条件下,他仍然坚持出版了三本地质学专著:1842 年出版《珊瑚礁的构造与分布》,1844 年出版《火山群岛的地质学研究》,1846 年出版《南美洲地质学研究》。不过,十多年后,当达尔文成为公认的生物进化论大师,人们却逐渐淡忘了,达尔文原来还是一位杰出的地质学家呢!

从 1846 年 10 月起,达尔文的学术兴趣,已经从地质学转向了生物学。他连续花了八年时间,研究了一类结构极为复杂、形态十分特化的蔓足类甲壳动物,最后以两册巨著告终。在这项工作中,达尔文不仅描述研究了一些新类别,而且在其复杂构造中辨识出同源关系。无疑,这对于他后来在《物种起源》中讨论自然分类原则颇有助益。

从 1854 年 9 月起,达尔文才开始整理有关物种变化的笔记,继续 1844 年那 230 页理论大纲的演绎工作。

1856 年初，在地质学家莱伊尔的劝告下，达尔文着手详细论证并撰写他的进化理论。这本书原计划的篇幅巨大，比他后来正式发表的《物种起源》要长三四倍。然而，一件不寻常的巧合事件，使他不得不放弃原有的鸿篇巨制的计划。那是在 1858 年 6 月 18 日，达尔文收到了侨居马来群岛的英国博物学家华莱士(A. R. Wallace，1823—1913)寄来的一篇论文，标题为《论变种与原型不断歧化的趋势》。令人称奇的是，这篇论文与达尔文进化学说的思想几乎完全相同。华莱士在给达尔文的信中表示，希望他能将论文转呈地质学家莱伊尔阅读。达尔文大感震惊和尴尬，但他还是把论文转呈给了莱伊尔和博物学家胡克(J. D. Hooker，1817—1911)。

莱伊尔和胡克读到这份稿件时，知道达尔文正在做同样论题的工作，而且论证更为广泛深入。于是，他们建议达尔文将自己的论文摘要，和他于 1857 年 9 月 5 日给阿萨·格雷(Asa Gray，1810—1888)的一封信与华莱士的论文一并发表。起初，达尔文处于两难之中：如果先发表华莱士的论文，自己花费 20 多年心血得出的学术思想可能要被淹没；如果将两人的论文同时发表，又担心华莱士先生产生误解。结果，在莱伊尔和胡克等人的安排下，达尔文与华莱士两人联名的论文，于 1858

年 7 月 1 日在伦敦的林奈学会公开宣读发表。有趣的是，达尔文和华莱士这两位作者当时都不在场。

这是一个历史性的联合宣言，共同向神创论发起了新一轮的公开宣战。然而，这种联合著作，并未引起人们应有的关注，当时唯一公开的评论是来自都柏林的霍顿的文章。霍顿的评论是：两人文章中所有新奇的东西全是胡说八道，而所有真实的东西不过是老生常谈！这篇评论的否定性结论，给达尔文当头浇了一盆冰水，使达尔文认识到，任何一种新思想，如果不用相当的篇幅进行阐述和论证，是很难引起人们注意的。于是，他在莱伊尔和胡克的鼓励和支持下，立即着手《物种起源》全书的写作。

从 1858 年 9 月起，达尔文花了近一年时间，对 1856 年那份规模宏大的原稿进行摘录和整理。成书之后，这篇被作者称为“摘要”的著作，其篇幅比原来缩减了许多。此书的出版极为成功，1859 年 11 月 24 日，第一版印刷 1250 册，当日便销售一空。1860 年初的第二版印刷 3000 册，也很快销完。对这种成功，按达尔文本人的分析，有两方面的原因：一是在该书出版前，达尔文曾发表过两篇摘要，思想舆论上已经成熟；二是得益于该书篇幅较小。这后一点应归功于华莱士论文的“催产”。

不然的话,按原先设定比该书长三四倍的规模,恐怕能够耐心读完的人寥寥无几。

《物种起源》1861 年第三版,增加了“引言”部分,印刷 2000 册;1866 年第四版,印 1500 册;1869 年第五版,印刷 2000 册;1872 年第六版,印刷 3000 册,这一版是达尔文本人亲自修改的最后一版,增加了新的一章《对自然选择学说的各种异议》。

在 1872 年的第六版中,达尔文多次使用了 evolution 这个词,中文翻译成“进化”或“演化”。实际上,在 1871 年,达尔文出版的另一部重要著作《人类的由来及性选择》中,他就第一次使用过这个词。《物种起源》出版后,人们便习惯于用“进化论”来代指达尔文学说。

从 1860 年到 1882 年,在获得巨大成功之后,达尔文并未就此停歇,而是在与疾病顽强搏斗的同时,努力实验,勤于思考,笔耕不辍。从 1860 年 1 月 1 日起,达尔文便着手《动物和植物在家养下的变异》一书的写作。这部巨著耗时很长,直到 1868 年初才得以面世。当然,在这期间他还完成了其他一些较小但很重要的著述,如《兰科植物的受精》《攀援植物的运动和习性》,以及六篇关于植物二型性和三型性的论文。此后,达尔文又花了三年时间,于 1871 年 2 月,出版了另一部产生了广泛影响的著作——《人类的由来及性选择》。

这部著作的出版，是在《物种起源》首次发表 12 年之后。这时，《物种起源》在学术界已经获得成功，大多数科学家都接受了物种进化的思想，达尔文觉得时机已经成熟，必须而且也完全可能，具体论证人类的起源也遵从同样的自然选择规律，以攻破神创论的最后堡垒。《人类的由来及性选择》的出版，使人类虚妄的自尊心受到了残酷的打击，终于明白，我们人类并不是上帝的创造物，原本只是猿猴的后裔！至此，人类终于从上帝造人的神学体系中，开始被拉回到真实的自然体系中。

关于这一点，达尔文的铁杆支持者，英国博物学家赫胥黎(T. H. Huxley，1825—1895)曾有过精辟的论述：

> "人类的高贵身份不会因为人猿共祖而贬低，因为他具有独特的、能创造可理解的复杂语言的天赋。仅凭这一点，我们便能将生存期间的各种经验，一代一代传衍下去，不断积累，并组织发展起来；而其他动物则不能。于是，人类就好像站在山巅一样，远远高出其卑微的同伴；由此逐渐改变了他粗野的本性，不断放射出真理和智慧的光芒。今天，我们知道，人类之所以从猿类脱胎而出，不仅因

为具有发达的语言，更在于，其脑量超过后者至少3倍，这促使她能从寻常的生物演化，转入文化演化的快车道。从自然角度看，人类是动物界中普通一员，但从文化和能力上看，人类堪称天之骄子。”

《人类的由来及性选择》的出版，再次掀起轩然大波。一些媒体对他展开了连篇累牍的讨伐，上面还登载了不少讽刺达尔文的漫画，把他描绘成一只拖着长长的尾巴、全身长满毛的猴子，当然，达尔文并不十分在意这些对他的谩骂和诋毁。在这本书中，达尔文详细论述了人类进化中另一个非常重要的论题——性选择。“性选择”是达尔文对他自然选择理论的重要补充。其实，达尔文的祖父也是一位进化论者，早年曾对这一论题就有兴趣。

1872年秋，达尔文又出版了一本书，书名叫《人类和动物的表情》。这本书是《人类的由来及性选择》的重要补充。达尔文在自传中记述道：“从我长子于1839年12月27日出生时，我便开始观察和记录他的各种表情的形成和发展。因为，我相信，即使在人生之初，最复杂而细致的表情，肯定都有一个逐步积累和自然的起源过程。”

1875年,《食虫植物》一书出版,这离达尔文开始观察思考食虫植物这一课题,已有16年之久。达尔文觉得,他这个研究结果发表的推迟和迁延,有一个很大的益处,它可以使人反复审视、改进自己的认识。在这本书中,他阐述了一项重要发现:一棵植物在受到特殊刺激时,一定会分泌出一种类似动物消化液的含酸或酵素的液体,它能将捕捉到的昆虫“消化掉”。

1876年秋,达尔文撰写的《植物界异花受精和自花受精的效果》一书面世,这是对《兰科植物的受精》一书的补充。此时,达尔文已经67岁,尽管他已感到“精力要枯竭了,准备溘然长逝”,但仍然在病残的暮年,笔耕不辍。

1877年,达尔文出版了《同种植物的不同花形》。1880年,在他儿子弗朗西斯的协助下,达尔文又出版了《植物的运动本领》,这是对《攀援植物的运动和习性》一书的重要补充和理论延伸。

1881年,72岁的达尔文,出版了他一生中的最后一本书——《腐殖土与蚯蚓》。这个课题看起来似乎不甚重要,却令达尔文兴味盎然。15年前,他曾在英国地质学会上宣读了这项工作的要点,并以此修正了过去的地质学思想。

终于,最后的日子到来了。1882 年 4 月 19 日,科学史已牢牢记住了这个日子,这位曾以自己艰苦的科学实践,改变了人们千百年来旧世界观的伟大学者,与世长辞,享年 73 岁。达尔文走了,身后却留下了巨大的思想和知识财富。

达尔文进化思想的三个来源

（引言和绪论阅读指导）

跟许多重大科学发现和技术发明一样，达尔文进化学说的诞生主要得助于三个方面：一是历史思想财富的继承和精练；二是大量直接和间接科学实践的累积；三是科学灵感的点燃。关于历史上进化思想财富的继承，达尔文在他这部科学巨著和哲学宏论的开首，便以“引言”的形式简述了34位先行者的工作。其实，进化思想源远流长，涉及面广，与达尔文学说的诞生关系密切。为了帮助读者对这一历史背景有更多的了解，这里再做些补充和简介。

在绪论中，达尔文介绍了他一生中两件后来导源出进化学说的最为重大的科学实践。一是1831年刚刚从剑桥大学基督学院（请注意：不是人们经常误传的“神学院”，其实剑桥大学没有神学院）毕业后便以船长的高级陪侍和兼职博物学者的双重身份投身历时五年的“贝格尔号”舰的环球旅行。广泛搜集和深入观察所得来的大量自然界中物种变化的事实,对年轻达尔文头脑中的自然神学观念产生了强烈撞击。此后的三年间(1836 年至 1839 年),他认真思考了由这次环球考察所提出的种种问题,最终放弃了神学信仰。他在回忆录中写道:“正是在 1836 年至 1839 年间,我逐渐认识到,《旧约全书》中有明显伪造世界历史的东西……我逐渐不再相信基督是神的化身,以致最后完全不信神了。”1837 年 7 月至 1838 年 2 月,他撰写了两篇物种演变的笔记,至此,他已认识到所有物种绝非上帝所造,而是由先前存在的其他物种逐渐演变的产物。

导致达尔文学说诞生的另一长期实践是他在农作物的人工培植和家养动物人工饲养上直接和间接的工作经验。我们都知道,达尔文进化论的精髓之一是自然选择理论。然而,自然选择常常是一个极其缓慢的自然过程,很难有幸在短促的人生中直接观察得到。于是,作者从与自然选择异曲同工的人工选择入手,先论证家养状态下动植物的微小变异,为了迎合人类本身的某种需要而不断被“人为选择”和积累,从而产生了新品种以致新物种。正是达尔文这种广博而精细的人工选择和深入观察，为科学界接受他的自然选择理论启开了半扇大门。

达尔文进化论的诞生还得益于两次科学灵感的激发。一次是加拉帕戈斯群岛上鸟雀通过不断变异而产生新物种的事实启发了达尔文“物种可变”思想的形成；另一次则是马尔萨斯的《人口论》使达尔文联想到，生存斗争驱使物种不断因适应环境而演变的主要动力应该是自然选择作用。

1836年年底结束“贝格尔号”舰的航行回到英国之后，达尔文将他从太平洋加拉帕戈斯群岛上带回的雀类标本交给鸟类专家古尔德研究。经过反复比较论证后，古尔德明确表示，其中有些原来被认为属于同一物种内的不同变种或亚种的标本，实际上应该代表着完全不同的物种。由此，达尔文敏锐地领悟到，物种是可变的，一个物种完全可以通过渐变或“间断平衡”的方式演变成另一个新物种。1837年达尔文在他的物种演化笔记中首次勾勒出了言简意赅的动物演化树示意图（Branching Tree）。

由物种可变或生物演化的观念到真正创立一个有说服力的进化理论，还必须解决生物演化的机制和驱动力问题。在达尔文之前,拉马克等一批早期进化论者也曾试图探索生物演化的机制,但均未成功。正在这时,是马尔萨斯的《人口论》恰如捅破了一层窗户纸,给达尔文带来很大的灵感启迪,催生了“生存斗争、优胜劣汰”的自然选择理论的形成。

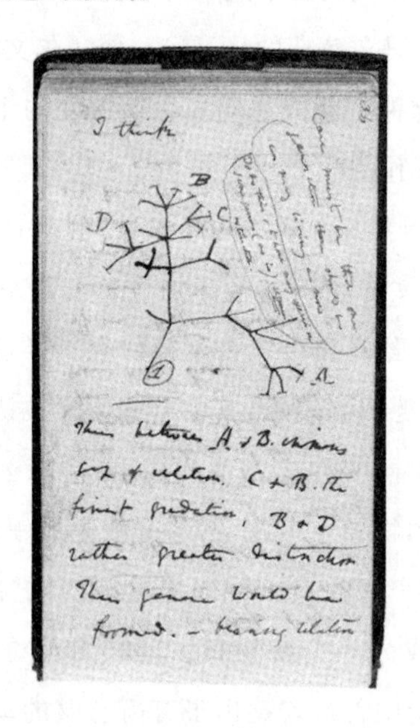

达尔文在回忆录中写道:“1838 年 10 月……为了消遣,我偶尔翻阅了马尔萨斯的《人口论》。按当时对各种动

植物生活方式的观察，我已胸有成竹，完全能够正确估价这种随时随地都在发生着的生存斗争的意义。于是，我头脑里便马上形成了这样一个想法：在这种生存斗争条件下，有利变异必然趋于保存，而不利变异应该趋于消亡，其结果必然导致新物种的形成。于是，我终于形成了一个能用来指导我工作的理论。"他所说的这个"理论"，就是他本人后来逐步完善的自然选择理论。

在第一版原作中，并没有"引言"。至第三版才增添了该"引言"部分。在这里，达尔文介绍了近代进化思想的渊源。然而，对那时两位伟大的进化论先驱者——法国的布丰(Buffon，1707—1788)和拉马克介绍得过于简略。当年达尔文为什么要这样做？到底是他的疏忽，还是有意为之，现在很难说得清楚。但无论如何，我们有必要在这里做些客观的补充。

布丰在进化思想史上占有特殊的地位，他是第一个从科学上讨论物种变异的人，也是一个颇有争议的人物。布丰早年信奉物种不变论。在他 54 岁时，产生进化思想，然而在 60 岁以后，很可能由于其贵族阶层固有的软弱性，终又皈依物种不变论的阵营。由此看来，进化思想的发展历程，与其说是学术思想之争，不如说是一场旷日持久的政治思想斗争，在这里，斗争的勇气至关重要。

回顾整个进化思想发展史,可以看出,欧洲进化的思想源自古希腊,历经2000年的休眠,至17世纪才再度萌发。这时,尽管有不少学者在探索、在讨论、在挑战,但终因宗教界的强力压制,只能在地下蠢蠢欲动,难以破土而出、形成气候。连林奈(Carl von Linné,1707—1778)这样的大智大慧者明知物种在变,也为宗教势力所屈服,最终仍是沦为物种不变论的守护神。[只要不是圣贤,都会本能地趋利避害、明哲保身;"保命要紧,保全既得荣誉地位也要紧"常是第一选择。林奈是这样,布丰是这样,居维叶(G. Cuvier,1769—1832)更是这样。恰好在这一点上,达尔文、哥白尼、伽利略最接近圣贤!]布丰对进化思想的主要贡献,并不完全限于其本身的学术著作,而是他亲手培养了拉马克和老圣伊莱尔(Saint-hilaire,1772—1844)两个竖起造反大旗的学生。尤其是前者,实为进化论的第一奠基人。

拉马克,出身戎伍,27岁时在巴黎银行供职,业余研究植物学,极其勤奋,七年后完成《全法植物志》,开始闻名于世;此后,兼攻无脊椎动物学。50岁时,被聘为巴黎博物院无脊椎动物学教授。1809年出版《动物学哲学》,从而创立了以渐变论为基调的生物进化论。

拉马克的进化学说主要包括两个方面：(1) 一切物种，包括人类在内，都是由别的物种传衍而来；生物变异和进化是连续、缓慢的过程。他观察到，化石生物越是古老便越低级、越简单；反之，则与现代生物越相似。(2) 在演化机制上，他突出强调环境的作用：环境变化使生物发生适应性变化；而环境的多样性便自然构成了生物多样性的主要原因。在进化的动因上，即生物遗传变异方面，他提出了两条著名的法则。第一法则：凡是尚未达到最大发展限度的生物，其器官如使用得越多便越发达，反之，长期不用，则会削弱和衰退，直至消亡，简称为用进废退。第二法则：获得性遗传，即生物由于后天变化所获得的性状是可以遗传的(该法则正确与否，文后的"附录"还将讨论)。拉马克学说，虽然没有形成严密完整的体系，但在19世纪后期至20世纪前期，却赢得了众多的信奉者。

[评述：达尔文对进化论的贡献主要体现在三个方面：物种可变，自然选择，"生命之树"猜想。前两点已经被各种教材和评论文章反复陈述，而最后一点却常被人们所忽略。值得注意的是，达尔文在本书"引言"中不仅明确记述了30余人先于他提出了物种可变思想，而且还坦诚承认，至少有另外2人捷足先登提出了自然选择

思想。这就是说,尽管达尔文在物种可变和自然选择思想论证上的贡献无人能望其项背,但他却不拥有这一伟大思想的首创权。但是,对于"生命之树"猜想,情况就不一样了。我们都知道:"进化论是生物学中最大的统一理论"。那么,它最核心的灵魂到底是什么呢?著名进化论者张昀的看法一语中的:"现代进化概念的核心是'万物同源'及分化、发展的思想"(1998年,《生物进化》)。显然,从本书第四章的"性状趋异"一节以后的文字及原书中的唯一插图可以看出,达尔文是"生命之树"猜想的缔造者。与此相反,拉马克最令人遗憾的学术失误莫过于他不慎落入了当时仍在流行的"简单生命可以不断自发地从无机物中产生出来"的忽悠圈套,从而武断地推测,在过去任何地质时期也同样会不断"自发地"产生出新的简单生命,此后它们沿着各自的路线分别向较为复杂的生命步步渐变。其结果十分不妙:使他误导出了与"万物共祖"背离的所谓"平行演化"假说。这是一代伟人的悲哀。]

自然选择和万物共祖学说的建立

（第 1 章至第 5 章阅读指导）

这一部分是全书的主体，在这里作者成功地创立了他的进化理论的核心——自然选择和万物共祖学说。前两章，作者通过详细的观察，分别列举了大量的家养动植物与自然状态下的动植物的变异现象。在自然界无时不有、无处不在的形形色色的生存斗争中，生物的各种微小变异无可避免地都要经受自然选择作用的“筛选”：对生物适应有利的变异便得以保存和积累，不利的变异则终究要遭受淘汰。正是这种无可回避的自然选择作用，构成了生物不断由一个物种演变成另一物种的基本驱动力。

第 1 章，家养状态下的变异。

作者之所以在开首第 1 章就优先论证家养状态下

生物变异的普遍性,这是因为变异是自然选择的基本"原料"。假若没有变异,那自然选择将成为无米之炊。但为什么作者不直接讨论自然状态下的变异,而要先研究家养状态下的变异呢?正如达尔文本人指出的那样,家养状态下的生活条件远不如在自然状态下的条件稳定均一,因而变异更大、更显著、更易于观察、更为人们所熟知。由显见的家养状态下的变异入手,然后再用类比的方法,逐步深入较难于观察到的自然界中的微小变异,应当是人们认识复杂事物本质属性的常规逻辑。由显而微,先易后难,这也正是达尔文论证方法的高明之处。这一章的主要内容包括:

1. 生物变异具有普遍性,几乎没有生物不发生变异。

2. 变异的原因:内因是生物的本性,外因是生活条件;内因比外因更为重要,它决定了变异的性质和方向。

[评述:达尔文的判断是正确的,但当时的科学界尚未认识到,这个"内因"主要寓寄于基因(即 DNA 的片段)的形形色色的遗传变化上。]

3. 生活条件的变化,对引发变异极为重要,它能直接作用于生物体,也能间接地影响到生殖器官。

4. 变异的性质包括一定变异和不定变异。一定变异,或称定向变异,是指在同样生活条件下,几乎所有个体都发生相似的变异。不定变异,或称非定向变异,是指在相同的生活条件下的个体发生了各不相同的变异。这时生物的内在特性起决定作用。

5. 变异的一些规律:用进废退:器官构造凡经常使用的,则发达,凡不经常使用的,则退化。[评述:这是沿用了拉马克等人的观点。]相关变异:许多器官间彼此密切相关,其中一个器官发生变异,常可以引起相关的器官也随之变异。

6. 生物皆具有稳定的遗传性,这样才能保证鸡生鸡,狗生狗;生物的大多数变异可以遗传下去。

7. 达尔文接受了拉马克"获得性遗传"的理论,即生物后天获得的性状可以遗传给后代。

[评述:过去的一个多世纪里,这一点一直未能在后来的遗传学实验中得到验证,因而常遭到传统遗传学的诟病。然而,表观遗传学(Epigenetics)的新进展显示,它有可能是自然选择理论的一个补充,而不是与后者对立或互相排斥的一种假说。探索仍在进行中,似可拭目以待]。

8. 有些性状极易发生变异。通过人工选择可使性状分歧定向发展,从而形成许多形态上相差很远的新品种。达尔文对近150个家鸽品种的比较研究表明,它们皆起源于一个叫岩鸽的野生种。

9. 在家养状态下动植物的各种变异中,人类总是刻意选择、保留那些对人类有利、而不一定对动植物本身有益的性状变异,通过逐代积累,以培育出新品种。所以人工选择具有创造性。

10. 人工选择的基本方法有二:一是择优,二是汰劣,或称剪除“无赖汉”。

11. 人工选择包括有意识选择和无意识选择。前者目的十分明确,计划周全,能在较短时期内培育出新品种;而后者则无明确目标,只是一般性的择优而育,因而需要漫长的过程才能产生新品种。

第2章,自然状态下的变异。

自然选择是一个重大主题,不大容易一下子说得明白。而且自然选择过程进展十分缓慢,一个人的有生之年,难于观察到极明显的变异现象,所以在论述家养状态下的变异及人工选择之后,达尔文并没有一下子直接切入自然选择这一主题,而是按照自然选择的“原料”(变异)——自然选择的“工具”(生存斗争)——自然选择的必然结果(适者生存)的逻辑顺序分步逐层推进的。这一章的主要内容包括:

1. 举出大量事实论证了自然状态下变异的普遍性。

2. 有些生物类型，到底应该定为物种，还是视为物种之下的变种，有时很难判定，因此，我们称这些类型为可疑物种。这一事实表明，任何物种，都是经过变种阶段逐渐演化而来的。变种实际上是初期物种。

3. 常见的物种分布十分广泛，其生活环境也更为多样化，因而变异也更大。

4. 同样的道理，我们也可以观察到另一事实，就是大属内的物种比小属内的物种变异更为频繁。

第3章，生存斗争。

生存斗争理论是自然选择学说的关键。没有生存斗争，便没有自然选择。达尔文的生存斗争学说受马尔萨斯《人口论》的启发，但又与后者有别。达尔文强调生存斗争并不一定都是血淋淋的，它只是广义的、喻义的，包括生物与环境的依存关系，强调生命体系的维持，还强调成功地传衍后代。

1. 生存斗争的内容包括三个方面：(1) 生物同无机环境的斗争；(2) 种间斗争；(3) 种内斗争。

[评述：在这里，达尔文似乎过分强调了种内斗争的残酷性，而在一定程度上忽视了种内的各种协作共存。

实际上,任何物种为了自身的生存和繁衍利益,都必须学会协作共存。自然选择让它们懂得“大我”与“小我”的辩证关系。]

2. 斗争的原因:高繁殖率与食物和生存空间有限性的矛盾。

[评述:从学术思想的“优先律”规则上看,自然选择理论似乎应该是达尔文和华莱士共同创立的,因为该假说是他们于1858年7月1日联名在伦敦林奈学会共同发表的。然而,正如达尔文在《物种起源》的“引言”中所述,早在1813年威尔斯(W. C. Wells)先生就提出了这一见解,尽管没有充分论述。]

第4章,自然选择即适者生存。

这一章是达尔文进化论的核心和灵魂。在前两章充分讨论自然选择的原料(变异)和自然选择的工具(生存斗争)之后,本章着重论证在各种各样生存斗争中表现出来的适者生存,即生活环境对有利变异的选择作用及选择的结果,这的确是水到渠成的事了。那么,自然选择的最终结果是什么呢?是万物共祖的生命之树的诞生,不断发展更替的生命之树的繁衍。

1. 自然选择理论的要点:(1) 生物普遍具有变异

性，其中许多变异是可以遗传的。(2) 生物广泛存在着生殖过剩，与其食物和生存空间构成的尖锐矛盾，必然导致形形色色的生存斗争或生存竞争。在生存斗争中，绝大多数个体死亡而不留下后代，只有少数个体得以生存并传衍后代。一般说来，在生存斗争中这些少数的成功者，就是那些具有有利变异的个体。(3) 自然选择，就是适者生存，它是保存有利变异、淘汰有害变异的自然过程。(4) 性选择也是一种广义的自然选择。与生存斗争中的“适者生存”相类似，性选择使“适者遗传”。不过，有时它也与狭义的自然选择作用相对立，因为不少有利于性选择的性状并不利于生物的生存，如雄孔雀巨幅的漂亮尾羽。(5) 自然选择其实只是一种比喻，“自然”是指生物赖以生存的各种有机和无机环境条件，这里不存在神的意识作用。(6) 文中举出了大量动植物经受自然选择作用的例证，其中狼与鹿的生存斗争，相互选择、共同进化的例子最为人所知：面对敏捷的鹿，“只有最敏捷、最狡猾的狼才能获得最好的生存机会，因而被保存或被选择下来”。另一方面，弱小病残的鹿最易成为狼的佳肴，结果是最敏捷的鹿被保存和被选择下来。

2. 自然选择与人工选择的差异：(1) 选择的主动者不同，前者是“大自然”，后者则主要是人类的意愿。

(2) 被选择的性状特征不同,前者选择并积累那些对生物本身有利的性状特征,而后者选择了只对人类有益的性状特征。

3. 自然选择的结果,包括两个方面:一是生物对环境的适应性;二是形成新物种。

4. 达尔文适应理论的要点:(1) 生物对环境的适应极为普遍,不仅见于形态构造,也见于生理机能、行为和习性。(2) 适应是自然选择的结果;自然选择不断将有利变异保存和积累起来,必然造成生物对环境条件的进一步适应。达尔文不否认拉马克的用进废退和获得性遗传理论,但他认为这个理论远不足以解释形形色色的适应性的起源。(3) 适应不是绝对的而是相对的,其根本原因在于环境的不断变化。(4) 适应具有多向性,从而造成生物的广泛多样性。达尔文指出狼在生存斗争中可以分化出不同的变种,如在美国一些山地,有轻快敏捷型变种,也有体大腿短、靠偷袭羊群为生的变种。(5) 达尔文用自然选择论证适应起源的重大意义,在于它推翻了目的论。目的论认为,生物的适应是上帝在创造生灵时预先安排好了的:上帝创造猫是为了捕鼠,而创造鼠便是为了被猫吃;生物之所以被创造得如此之美,目的是为了供人类欣赏。显然,这是无稽之谈。因为在人类出现之前，这些生物便早就存在于世了。

5. 新物种的形成是自然选择的创造性结果：(1) 物种形成的先决条件是可遗传的变异。(2) 物种形成的基本动力是自然选择，使那些可遗传的变异不断得以保存和积累，经过变种阶段、最后形成独立物种。换句话说，正如人工选择通过性状分歧可以形成新品种一样，自然选择也可以通过性状分歧和众多中间过渡类型的灭绝，形成新变种和新物种。(3) 那些分布广、个体数目多的常见物种，面临着各种不同的无机和有机环境条件，由于自然选择作用，最容易形成各不相同的适应特征并使旧物种和中间过渡类型消亡，从而引发性状分歧，因而最易产生“显著变种”，即“初期物种”。(4) 达尔文认为物种形成是逐渐、缓慢的过程，因而达尔文学说又被称作“渐变论”。其实，他的成种理论还隐含着“间断平衡”思想，这一点常被人们忽视。

［评述：尽管达尔文在物种形成过程中也提到或暗示出隔离的作用，但并未予以强调。实际上，现代群体遗传理论认为，物种形成除了可遗传的变异和自然选择两个基本因素之外，还必须有隔离作用。物种的形成是种内连续性的间断。如无“隔离”，种内将继续共享一个基因库，结果将无法实现“间断”，即无法形成新物种。

隔离作用包括地理隔离、生态隔离、季节隔离以及各种遗传性隔离等。此外,还需指出,古生物学和现代遗传学都证实,物种形成有两种基本形式,即除了渐变成种之外,还存在着许多快速突变成种的现象。]

6. 本章包含了原书唯一的一幅插图,它表达了作者的进化理论核心的核心,即万物共祖思想或生命之树思想。这一思想仍是当代进化论的灵魂。生命之树思想的诞生是自然选择作用的历史必然:自然选择能不断引发物种的性状趋异,能不断形成新物种,同时也不断地迫使一些不适应的物种灭绝。其历史结果是,由共同祖先衍生出来的大量后裔们便构成了各种不同的谱系演化树,并最终汇集成统一的地球生命之树。现代遗传学支持了万物共祖的生命之树猜想的正确性,因为所有地球生命共享同一套遗传密码,并采用同一种方式传衍。

第 5 章,变异的法则。

遗传学是生物进化论的重要基础,但遗憾的是,达尔文时代尚未形成遗传学,人们对遗传和变异的机理几乎一无所知。达尔文坦诚地承认:“关于变异的法则,我们几乎毫无所知。”尽管如此,达尔文运用“比较的方法”,仍然通过仔细观察总结出一些变异的法则,的确难能可贵。

1. 环境条件与非环境条件(注：暗指生物本性)皆可引起变异,而且后者(内因)比前者(外因)更为重要。

2. 器官如果不断使用,则可以得到增强;不使用则退化、减缩,即“用进废退”。

3. 相关变异律：某些器官变异被自然选择累积时,与此相关的器官也会随之发生变异。

4. 由于重复构造、残迹构造和低等级构造不受或较少受自然选择的作用,所以更易于发生变异。

5. 种征比属征形成得晚,稳定性较差,因而易于变异。

[评述：受当时科学发展水平所限,达尔文进化论的缺陷集中体现在遗传学方面。但另一方面,即使未能了解遗传学的内在机理,达尔文在论证变异的普遍性和可遗传性之后,凭借自己的科学悟性,同样成功地建立了自然选择学说。这算得上是一种天才的推理学说。后人将遗传学与自然选择学说综合在一起,使之更为完善,最终发展成为较完善的“现代达尔文主义”或“综合论”。值得注意的是,现代发育生物学、分子生物学和古生物学的新发现将使进化生物学获得进一步发展而走向完善。]

进化学说的各种难点及其化解

（第6章至第10章阅读指导）

前述五章主要从正面论述并建立起了遗传变异——生存斗争——自然选择——物种起源和万物共祖或生命之树学说。在第6章至第10章中，作者设想站在反对者的立场上给进化学说提出了一系列质疑；然后再逐一作答或解释，使之归于化解。这正体现了作者的勇气和学说本身不可战胜的生命力。

第6章，进化学说的难点。

本章一开首便系统地提出进化理论可能遇到的四个方面的主要难题。(1)既然物种是逐渐演变的，那为何在世界上我们不能随处都见到数不清的中间过渡演化类型呢？(2)像蝙蝠身上那些十分特别的器官构造和习性能从构造和习性上极不相同的动物那里演化而来吗？自然选择果真如此神奇，既能产生一些普通的器官构造，又能创造出像眼睛那样一些奇妙的器官构造吗？(3) 生物的本能特性可以通过自然选择产生出来并为自然选择所改变吗？(4) 自然选择理论对种间杂交不育性和变种杂交可育性能做出合理的解释吗？对前两大难题，本章将予以回答；而对后两个难题以及其他一些质疑，作者将在后续章节中逐一予以讨论。

1. 无论是在空间分布上，还是在时间延续分布上，中间过渡型物种极为少见甚至缺乏，可以由下述事实进行说明：无论是自然界的藤壶，还是家养的绵羊，或是其他类型的生物，它们在广大空间分布范围上常表现出如下规律，即两个不同变种各占据着较大的地理分布空间，在介于其间的过渡型变种常常只占据较为狭小的地带，而且其数量也比这两个主要变种要少得多。无疑，在生存斗争中，这些数量较少的中间类型极易被这两个主要变种所排斥和取代而最终归于消亡。于是这两个变种便演化成两个有显著区别的新物种，而中间类型归于消亡。由于同样的原因，在时间序列上，中间过渡类型在数量上也总是居于劣势，在生存斗争中极难逃脱灭亡的命运。物种演化的这种时空分布特征，常使我们在化石记录中只能看到彼此区别显著的不同物种，而极难见到其间逐渐演化的过渡类型。

2. 为了论证一些生物由于生活习性的变化(如从陆生变成水生),其形态构造也必然发生相应的过渡,作者举出水貂的例子:冬季它在陆上以捕鼠为生,夏天则畅游水中,以鱼为食,因而它发育了特有的蹼。为了证明蝙蝠原本由食虫的四足动物演化而来,作者列出了一系列从扁平尾巴的松鼠、到初具滑翔能力皮膜的鼯猴等中间形态类型,应该是很有说服力的。

3. 对于极为完善而复杂的器官,如动物的眼睛,是否能由自然选择作用而形成,的确很难找到直接证据。不过作者也列举了许多间接证据。一方面,在形态学中人们可以看到,脊椎动物的视觉器官的确从低等的无头类文昌鱼,到各种有头类(鱼和两栖类、爬行类直至人类),是不断复杂化的。在分节动物中,原始的类别仅有瞳孔状构造,进而出现晶状体,最后才分异成多种多样的复杂构造。另一方面,在人类早期胚胎发育中,其眼球晶体也极为简单。所有这些,不能不使我们理性地相信,眼睛很可能是自然选择长期作用的产物。

此外,作者还列举了一些昆虫呼吸器官的形成、硬骨鱼类的鳔演化成后来陆生脊椎动物的肺并使鳃退化等事实,证明主要是自然选择的力量造成了器官功能及构造的转变或过渡。

当然，自然选择学说似乎还存在一些很大的难点，如一些鱼类如何产生了奇异的发电器官。而且，有些发电鱼的亲缘关系相去很远，不可能通过谱系遗传而形成。其实，这些发电器官不是同源器官，而是同功器官。它们原本来自不同谱系的祖先，只是由于遭受相似的自然选择压力而产生了相似的适应功能罢了。类似的现象在生物界屡见不鲜，如昆虫的翅、鸟类的羽翼和蝙蝠的皮翼都是这样。进而，作者列举了一些异常适应的例子，如盔花兰属唇瓣下的"水桶状构造"的精巧，都是天工造物，都是生物长期变异、不断选择适应的结果。"各种高度发展的生物，都经历了无数的变异，并且每一个变异了的构造都有被遗传下去的趋向。"在此，他再次引用了一句古老格言，作为他的渐变式进化理论的别称："自然界里没有飞跃。"

[评述："自然界里没有飞跃"的说法有一半是正确的，但显然不能将它绝对化。自然界里由于常规过程中突发而生的"飞来横祸"并不少见，它们多导致各种演化进程中的"飞跃"现象。]

自然选择的另一个难题是：既然自然选择是通过生死存亡的斗争才使最适者生存下来，那么，这些得以生存和发展的生物却为何保留了表面上看来不大重要的器官？其实，有些表面上不重要的器官，如长颈鹿和牛的尾巴，在驱赶苍蝇，求得生存斗争中的主动权上举足轻重。有些构造，如一些陆生动物的尾巴，现在对生物体已经不甚重要，但对其水生祖先却极为重要。

达尔文还在这里成功地驳斥了“目的论”。这一唯心论认定大自然各种各样美丽的东西，都是上帝特意创造出来专供人类欣赏的。假如果真如此的话，远在人类出现之前，许许多多极为美丽的东西，如鹦鹉螺、硅藻壳、艳丽的花朵、华美的蝴蝶该做何解释呢？其实，所有这些都不过是自然选择和性选择的结果。

第 7 章，对自然选择学说的种种异议。

这一章是在第六版即最后一版才加进去的，此时离第一版面世已过去了 13 年。其间“万物共祖”思想得到学界越来越多的认同。然而，对自然选择学说却有不少人提出了质疑。在质疑者队伍中，既有公开反对进化论的，如瑞典植物学权威奈格利(Nageli)和英国动物学家米瓦特(G. J. Mivart，1827—1900)，也有支持进化论的德国古生物学家布朗(H. G. Bronn，1800—1862)等。显然，此时此刻如果再不及时地对这些主要质疑给予恰当的回答和解释，自然选择学说将有可能失去其学说的资格。所以，事不宜迟，达尔文在这里专辟一章讨论和驳斥了反对自然选择学说的各种主要异议和挑战。

1. 有人质疑，长寿显然对所有生物都有益，但为何在同一谱系中，后代并不一定总比其前代更加长寿。对此作者引用了兰克斯特（E. R. Lankester，1847—1929）先生的研究结果作答：长寿问题多与各物种的体制等级有关，也与新陈代谢和生殖过程中的能量耗损相关，而这些因素多由自然选择决定。

2. 有人提出，在过去三四千年间埃及的动植物皆无变化。达尔文认为，在过去数千年间，环境条件极为一致，所以生物发生的变异不能保存下来。而且，至少，这些三四千年前的动植物，不是凭空而来；它们应该是从其原始类型变异而来的。

3. 有人认为，有些性状对生物没有什么用处，因而不受自然选择的影响。达尔文列举了许多事例证明，有些性状之所以被认为无用，是因为人们对它认识不足所致；其实它们十分重要。其次，相关变异法则和自发变异也会导致某些性状的变异。

4. 对于有人主张生物具有朝着不断完善自身并向进步方向发展的内在趋向，达尔文则不以为然，因为生物构造既有进化,也有退化。但另一方面,通过自然选择的连续作用,器官会愈益专业化和功能分化,从而使生物朝进步性方向发展。

5. 另一种异议是自然选择学说无法说明有用的器官构造在形成初期的变化原理。作者用长颈鹿何以获得长颈进行了合理的推论。比目鱼的情况也是这样,在其某一侧的眼睛向另一侧转移的初期,总伴随着两眼努力向上看的习性,这对个体和物种无疑都有益,而不是有害。

6. 作为渐变论者,达尔文排斥任何由突然变化而形成新物种的可能。

[评述:值得指出的是,现代揭示出来的演化事实表明,在我们这个多次遭受重大灾变的星球上(我们的卫星拍摄到的月球表面大大小小的陨石坑清楚地显示,地球曾无数次惨遭轰击),无疑,生物界的演化极其复杂多样:其渐变、突变甚至跃变长期并存、相互转化。不少实验观察还显示,某些环境变化可导致一些特殊基因突变而形成新物种。]

第 8 章,本能。

动物的本能,是一种先天性的精神能力。要论证它是自然选择的结果,显然,要比证实自然选择导致了生物形态构造逐步变化而形成新物种更困难得多。在这里，作者采用了与本书前五章相似的论证手法。首先，作者观察到在家养状态下的动物本能远不如自然状态的本能那样稳定，更易发生变异；严重的还会完全丧失其原有本能，并获得新的本能。连续不断的杂交和人工选择便能使这些变异连续发生并不断积累而加强。各种狗（如向导狗、牧羊狗和猎狗）和翻飞鸽特殊本能的产生便是很好的例证。接着，达尔文阐明了本能在自然状态下也会发生轻微的变异。至此，最合理的推论就应该是：由于本能对动物体至关重要，那么在生活条件变化时，自然选择作用一定会保留那些在本能上微小的有利变异，并将它逐步积累起来。在这里，我们看到自然选择作用于身体构造的原理和方式，完全适用于它对本能的作用。

达尔文花了相当篇幅，详细描述了几种动物的特殊本能，如杜鹃鸟能将其义兄弟们逐出巢外，有些蚂蚁会养奴隶，而姬蜂科幼虫能寄生在青虫体内。所有这些本能的逐步形成，在“遗传——变异——最强者生存、最弱者死亡”的自然选择法则下无疑都会得到最合理的解释。

有人举出所谓非雌非雄的中性昆虫和不育昆虫来反

对本能的起源是由于自然选择的结果。达尔文的回答是,这与一些家养状态下不育的动植物属于同一道理。既然去势公牛从不繁殖,重瓣不育的花从不结实,但它们都可以由人工选择方法获得,那么毫不奇怪,自然选择也就能造就对社会性昆虫群体有益的不育昆虫了。

第 9 章,杂种性质。

本章讨论不同物种或变种杂交后能否生育、所形成的杂种后代能否生育以及这两种不育性的起因。作者从大量事例中发现:

1. 不同物种首次杂交后不育性的程度因物种而异,有完全不育的,也有完全能育的,更有大量介于其间的各种等级。其杂种的不育性也呈现类似的情况。

2. 过去,作者跟其他许多人一样,误认为首次杂交不育和杂种的不育性是自然选择的结果。但他现在认为,这些不育性与自然选择无关。首次杂交不育可能有多种原因,其中最主要的原因是胚胎的早期死亡。而杂种不育的主要原因仅在于雌雄生殖质上的差异。

3. 同一物种内不同变种杂交的能育性及其后代(混种)的能育性的程度各不相同,甚至也有完全不育的。即是说,物种杂交与变种杂交在能育性方面只有量的差别,而无本质上的差别。当变种的能育性减小到一定程度,甚至出现不育性时,人们常习惯称其为不同物种。也就是说,物种与变种之间并没有截然界限。由此,人们很容易明白:“物种原本是由变种而来的。”

第10章,论地质记录的不完全性。

在本章和下一章里,达尔文试图从地质历史记录的保存特点及地史时期古生物的保存记录的不完整性来论证其学说的两个基本要点:(1) 地史时期的所有生物都是不断演变的,而且是由最初一个或少数几个共同祖先随时间推移而逐步演化出来的;(2) 生物演化的驱动机制是生物的变异性和自然选择。我们知道,达尔文时代的地史学与现代地史学有很大的差距;现代地史学的最大进步就在于,20世纪初放射性同位素测年技术被应用于地史学研究之后,人们不仅有了更精确的地史事件的相对年龄,而且还可以获得关于地球各演化阶段十分精确的绝对年龄值了。跟现代地史测年值相比,书中所提到当时猜测的地史发展年龄误差太大。为帮助读者正确领会地球发展史,下面补充介绍有关的地质年龄数据。

我们所在的宇宙快速形成于约135亿年前的一次大爆炸事件,过了约85亿年后才出现了第二代恒星太阳,再过了约5亿年,才形成了我们居住的行星地球。此后几千万年至3亿年间,地球的表面温度下降至100℃以下,通过冷凝降水形成了原始海洋;这期间,地球很可能多次遭受巨大陨石的撞击,而使全球海洋全部蒸干(科学家计算指出,一个约500千米直径的陨石撞击,足可以使地球海洋全部蒸干)。这种过程也许在地球早期重复过多次。现保存下来的地球最早的沉积岩年龄约为40亿年;最早显示生命存在的有机物为38.5亿年;在澳大利亚和非洲发现的最古老的生命(古细菌等)为35亿年。地球上具有细胞核的真核细胞生物约出现于21亿年前,而确证为多细胞动物的历史则较短,不超过6亿年。在距今约5.4亿年前的早寒武世前后,发生了整个生命史上最为壮观的动物创新事件,即在约占地球生命史1%的时间里(从距今5.6亿年至5.25亿年前),分三幕爆发式地产生了地球上绝大多数动物门类,俗称“寒武纪生物大爆发”,简称“寒武大爆发”。从此以后,地球上的动物化石记录变得“显而易见”了。

于是,地史学上便以这一时刻为界碑,将地球发展历史划分为两大阶段。这后一段常见到动物化石的时代称为“显生宙”或“显动宙”,而将5.4亿年以前化石极少的漫长历史合称为“隐生宙”。显生宙又可由老到新划分为古生代(距今 5.4 亿至 2.51 亿年前)、中生代(2.51 亿至 0.65 亿年前)和新生代(0.65 亿年前至今)。中生代即本书中的“第二纪”;而新生代又包括第三纪(距今 0.65 亿年至 0.02 亿年前)和第四纪(0.02 亿年前至今)。古生代从老到新包括 6 个纪：寒武纪、奥陶纪、志留纪、泥盆纪、石炭纪和二叠纪,不过在达尔文时代尚未建立奥陶纪;中生代包括三叠纪、侏罗纪和白垩纪。《物种起源》中提到的“物种群在已知最低化石层中的突然出现”,实际上就是指“寒武纪生物大爆发”。

达尔文在这一章所列出的难题主要是,为什么在地史时期任一段地层中都缺乏中间变种？尤其是为什么在最低化石层(即寒武纪的下部地层)会有大批动物种群突然出现？对此,达尔文的答案是“地质记录不完全”,因而古生物记录就更不完全了。他的推理是,在这极不完整的化石记录中,我们当然无法见到众多连续的“中间变种”,见到的只能是断断续续保存下来的彼此区别显著的不同物种。作者在本章结尾处援引当时最著名的地质学家莱伊尔关于地质记录是一本极其残缺不全的历史书的比喻来支持自己的观点,也是十分高明的。此后,许多人开始接受渐变论思想。

{评述：达尔文在《物种起源》第一版中曾预测,寒武纪之前一定存在着某些简单的演化过渡型生物。至第六版时,一些古生物学新发现令达尔文更坚信自己的推测。自20世纪40年代以来,古生物学的系列性发现证实,达尔文的这一猜想基本上是正确的。但是,近四十多年来古生物学揭示出来的事实也表明,生物演化历史中既有渐变,更有突变,而且突变更为醒目[引发突变的原因既可源自生物界内部宏演化(macro-evolution)的"新陈代谢",也可引发自生态环境的急剧变化和各种大型灾变事件]。灾变在生物演化过程中也显得更为重要。灾变对旧有类群的确是灾难,甚至是灭顶之灾;但对于新生类群而言,应该是机会,而且常常是千载难逢的发展机遇、改朝换代的机遇。实际上,灾变往往是动物界整体进步的一个催化剂。}

生物的时空演替证据及亲缘关系对进化理论的支撑

（第 11 章至第 15 章阅读指导）

生命运动是世界上最为复杂的一类运动，有历史的（即时间的）、有空间的、有形态变化的、也有胚胎发育的。作为一个成功的综合理论，进化理论必须能够对上述各种各样的运动现象提供合理的解释；否则，这种理论的正确性便值得怀疑。在这几章中，达尔文用他的以自然选择和万物共祖为核心的进化理论对生物界在地史演变、地理变迁、形态分异、胚胎发育中的各种现象进行了令人信服的解释，从而，使这一理论获得了进一步的支撑。

第 11 章，论生物在地质历史上的演替。

在达尔文时代，古生物学揭示出来的一些事实足以能证实“所有物种都曾经历过某些变化”。而且,“新种是陆续慢慢地出现的”;莱伊尔对巴黎盆地第三纪生物演化的研究结果也清楚地证明了这一点。地史时期生物演化事实还告诉我们,各物种变化的速率互不相同,有快有慢。此外,地史中的物种一旦灭亡,便不再重新出现,这就是有名的“生物演化的不可逆性”。

达尔文指出,所有这些现象,与自然选择学说完全一致:(1) 生物的变异过程总是缓慢的,所以新种出现也是缓慢的、逐步的;(2) 由于各个物种的变异互不相关,各不相同,它们被自然选择所积累的情况也自然各不相同,有多有少,有快有慢,其结果导致各物种演进的速率互不相同;(3) 在演化过程中,新种替代旧种,旧种便归于灭亡。由于新种和旧种分别从其祖先那里遗传了不同的性状,因而两者不可能完全相同;而且,不同的生物会按不同的方式发生变异,并遭受不同的选择和积累作用。于是,我们便能很容易理解,既然旧种已经灭亡,那么旧种的祖先也不会存在。我们要想在新的条件下,再完全重复从旧种的祖先里产生出新种的过程,当然是不可能的。因而,“旧物种一旦消亡将不可再现”。达尔文进一步指出,物种群,即属、科等单元在出现和消亡上也与物种演替遵循相同的演化规律。

在达尔文时代，物种的灭绝常常蒙上了神秘的色彩。其实，按自然选择学说，在生存斗争中，尤其是近缘种和近缘属间的斗争最为剧烈，因而旧种和旧属遭到灭绝是顺理成章的事。对于大群物种，其全部灭绝的过程常常比它们开始出现的过程要来得缓慢，那是由于在遭受灭绝时，总有一些物种能够成功地逃避剧烈的竞争，找到自己存续下去的“避风港”，因而延缓了全群的灭绝。对于古生代末三叶虫和中生代（第二纪）末菊石类群的大规模突然灭绝，达尔文解释说，在这两代末期，其时间间隔可能都较长，因而其生物类群灭绝过程仍然是缓慢的。

[评述：达尔文坚持用渐变论解释古生代末和中生代末的大型灭绝与现代古生物学研究的结果不相符合。近 30 年来的古生物学资料显示，众多古生物门类在古生代末和中生代末的确是在较为短促的地质年代里快速灭绝的。绝大多数现代古生物学家认为，达尔文的自然选择学说能够很好地解释“常规灭绝”或“背景灭绝”，但对于古生代末和中生代末这样“集群灭绝”的原因，不宜单用渐变论解释，它很可能与地上或天外的突然事件或灾变事件（如特大规模的火山事件或大型陨石撞击地球等）有关。]

生物类型在全世界几乎同时发生变化和更替,譬如十分近似的生物类群分别在“新世界”(即美洲)和“旧世界”(即欧洲)“平行演化”是很常见的现象。如果用自然选择学说来解释,这必然顺理成章:由于优势类型最容易在空间分布上取得成功,从而最终在不同的海域和大陆上形成所谓的“平行演化”现象。

进化论认为,生物是不断通过由新种替代旧种的方式而逐步演替的。这便很自然地解释了为什么在年代上连续的地层里产出的化石是密切相关的事实,而且,其时代居中的化石,其性状特征也居中。同时,我们也很容易理解,为什么古代灭绝种类常能在形态构造上将现代某些极不相同的后代连续起来。因为,按我们以前在第 4 章讲过的基于万物共祖思想的生物谱系发展或性状分歧的图谱,越是古老的类型,越是与现代不同类群的祖先相接近,因而便容易在性状特征上居中。

在说明地史记录中新物种的出现常表现出“突然性”,而缺少中间过渡类型的现象时,达尔文再次强调了造成这种现象的两个基本原因:一是地质记录极不完全,二是生物在不断地发生地理迁移。

第 12 章、13 章，生物的地理分布。

这两章力图用自然选择学说来解释生物在地理分布上的各种疑难而有趣的现象，这与华莱士不谋而合。这两章的论证告诉人们，这种能够解释众多自然现象和难题的假说应该是靠得住的理论。

以自然选择和万物共祖思想为核心的生物进化论认为，不同种生物皆起源于少数共同祖先；因而在地理上，应起源于某一产地中心。这就是说，物种一方面在时间分布上保持连续性，这为地史化石记录所证实；另一方面，物种在地理分布上也是连续的。尽管人们在生物地理分布上也可见到一些不连续现象，但这完全可以用生物的迁徙理论、各种偶然的传播方式以及物种在中间地带容易遭受灭绝来进行合理的解释。

在分析生物地理分布现象和规律时，我们必须记住，在万物共祖框架下的生物亲缘关系是至关重要的决定因素。因此，根据各种特殊的迁徙方式、隔离障碍方式，人们便可以理解形形色色的生物地理分布格局。譬如，两栖类和陆栖哺乳类，由于无法跨越海洋，因而在海岛上就自然见不到它们的踪迹。另一方面，即使在一些极为孤立的小岛上，也能见到蝙蝠这样的飞行哺乳动物；原因很简单，它们可以直接从大陆飞到海岛上，并占据那些地理分布区。在一些群岛上,各岛物种尽管互不相同,但却彼此密切相关。我们也不难理解,为什么在两个地区内,只要它们有密切相似的物种,那么无论这两个地区相隔多远,总可以找到一些共有物种。达尔文还成功解释了一些冰河期造成的奇特生物地理分布现象:特大冰期可以影响到赤道地区,并使南、北半球的生物混交;但当气候转暖时,冰河退去,寒带生物也随之从平原地带消失,此后却在世界各地的高山顶上残存下来一些相似的寒带生物类型。

淡水生物分布很广,而且变化莫测,这常与它们多种多样的传播方式相关。

总之,作者列举并论证了各种各样的生物地理分布都受着自然选择法则的制约。即是说,散布在各种不同区域但彼此相关的生物群落,它们原本是产生于同一产地的同一祖先;后来经过各种形式的迁徙、传播并在新领地不断变异才逐步演变而来。

第14章,生物间的亲缘关系:形态学、胚胎学和退化或痕迹器官。

在达尔文时代,在生物分类学、形态学、胚胎发育学以及成体上常见的痕迹器官方面存在着各种各样的难题。对这些难题,唯心主义神创论和目的论曾试图给以解释,但多牵强附会,无法自圆其说。然而,在达尔文看来,所有这些难题在他的进化学说面前,都将迎刃而解;谱系遗传、变异和选择学说无愧是解开众多疑难的金钥匙。

1. 分类学。那时的博物学家在进行生物分类时,一方面都在力求透过各种生物之间的表面相似性,追求反映生物内在联系的“自然体系”;然而另一方面,他们却认为这种“自然体系”不过是“造物主”精心设计的产物。达尔文在这里举出众多实例证明了,博物学家所追寻的“自然体系”实际上就是建立在生物由于不断变异而逐步演化的生物进化论基础之上的。博物学家都承认能显示不同物种间亲缘关系的性状特征都是从其共同祖先那里遗传下来的。也就是说,尽管他们口头上说生物分类的“自然体系”是造物主的安排,但他们所进行的“真实分类方法和分类体系却都是建立在生物自身血统演化基础上的”。换句话说:“博物学家实际上都在根据生物的血统进行分类”“生物的共同演化谱系才是博物学家们无意识追求的潜在纽带。”于是,同源构造,即虽形态不同但谱系来源相同的构造,在分类中最为重要。如鸟类的翅膀与其他陆生脊椎动物的前肢,尽管形态相差很远,但起源相同,因而在自然分类中至关重要。

与此相对应，达尔文提出了同功构造的概念，即外表相似但其内部构造和起源不同的构造，由于它不能指示生物之间的亲缘关系，因而在自然分类上毫无价值，如鸟类的翅膀和昆虫的翅。达尔文还举了一个很有趣的例子，说“自然”有时也会给博物学家开开玩笑，使他们在实际分类工作中犯错误。例如，在南美洲大群居住的透翅蝶中，常常会混杂一些翅膀形态和颜色、斑纹极为相似的异脉粉蝶。这种惟妙惟肖的模拟现象，常使目光锐利的分类学家受骗上当。这种生物模拟现象如果用自然选择学说来解释，则很容易理解。原来，鸟类和其他食虫动物由于某种原因不吃透翅蝶；于是，只有那些在外形和颜色上类似透翅蝶的异脉粉蝶才容易逃避被毁灭的命运。结果，“与透翅蝶类似程度较小的异脉粉蝶，便一代又一代被消灭了；而只有那些类似程度大的，才得以保存下来并繁衍它们的后代”。显然，这是自然选择作用的又一个极好例证。

2. 形态学。同属一纲的生物，其躯体构造模式是相同的；或者说，同纲内不同物种的各对应构造和器官是同源的。这是形态学的灵魂。昆虫的口器是一个很典型的例子。形态各异的昆虫口器都属于同源构造。无论是天蛾的长螺旋形喙或是蜜蜂折合形的喙、还是甲虫巨大的颚，尽管它们形态上极不相似，但都是由一个上唇、一对大颚、两对小颚变异而来。这种现象，用“目的论”是无法解释的，但用对连续变异进行自然选择的理论来解释，则并不困难。

3. 胚胎发育学。在胚胎发育过程中，常可见到下述两种基本情况。即：(1) 同一个体的不同部位在胚胎的早期阶段完全相似，但到发育为成体时，则变得很不相同；(2) 同一纲内很不相似的各个物种，在胚胎时彼此相似，但发育到后来，会变得各不相同。然而，也存在一些例外情况，如在同一纲内有些物种的胚胎或幼虫很不相似；又如有些个体的幼体与成体的形态差别不大，或没有明显的变态过程。这些现象都可以用自然选择和适应理论来说明。显然，这是由于这些幼体所面临的特殊环境迫使它不得不提早独立生活或自谋食物所致。这就是说，同一纲内不同生物在胚胎构造上的共性反映了它们起源相同，有共同的血缘关系。然而，胚胎发育中的不同，并不能证明它们没有共同的血缘，因为其中某一群生物在某一胚胎发育阶段很可能受到了抑制。

4. 痕迹器官。博物学家在进行自然分类时，十分重视痕迹器官，因为它常能指示某种同源构造。痕迹器官形成的主要机理，很可能是由于不使用的原因。但是，有些不大发育的生物器官到底是处于其演化的初始状态,还是后期的退缩阶段,一时还很难判断。如企鹅的翅膀就是这样。企鹅不用飞行,可能导致翅膀缩小;但另一方面,其翅可作鳍用,也可视为其演化的初始状态。显然,面对形形色色的痕迹器官,生物特创论是无法解释清楚的;但是,用本书提出的原理,即“不使用便退化”原理、生长的经济节省原理,则能得到合理的解释。

总之,这一章所讨论的各种事实进一步证明了,世界上无数的物种、属、科、目、纲,都不是上帝分别创造出来的,而是从其共同祖先逐步传衍下来的。在这一漫长的演化过程中,各种生物都经历了各种各样的变异。

第 15 章,复述和结论。

这一章对全书进行了概述和总结。如果读者已经仔细阅读过前 14 章并有了较为深刻的理解的话,本章便可略去不读。然而,假如读者没有充足的时间卒读全书,而只是对前 14 章进行了走马观花式的初步浏览,那么,不妨再花不多的时间对本章极其精炼的概述,作字字句句的审读,一定能收到事半功倍的良效。作为总结全文的章节,本章主要包括四个部分。前两部分是前 14 章的简述,不过其论述顺序与正文恰好相反。在这里,作者首先逐一讨论了反对或怀疑自然选择学说的各种论点,然后再正面讨论能支持或论证自然选择学说的各种事实和论点。这些事实,有一般性、概括性的,也有具体的、特征性的,这里不拟赘述。然而后两部分则是正文的引申和归纳,值得特别提一提。

第一,博物学家为何长期固守物种不变的思想?达尔文认为主要是由于宗教传统势力的影响。他们长期在上帝"创造计划"的说教笼罩之下,形成了只信上帝而不愿面对事实的顽固偏见。作者在这里寄希望于那些没有宗教偏见的青年:只要能面对事实,便能最终接受自然选择学说,就能看到物种可变的真实世界。

第二,既然物种变异的学说是真实的,那么,我们到底可以用它来解释哪些难题和现象呢?它对未来博物学会产生什么影响呢?

1. 同一纲内的各种生物是通过一系列连续分叉的谱系线彼此联系在一起的;它们能够指导人们按"群下有群"的格式进行自然分类。

2. 地史时期化石的发现,能将现生各目之间形态学上的空隙不断弥合起来。

3. 所有动物最远古的祖先最多只有四五种,植物亦然。而且,从形态学的同源构造、痕迹构造和胚胎学证据可以看出,每一界的所有物种很可能都起源于同一祖先。

4. 从渐变论观点看,物种和变种没有本质的区别;现在的物种就是过去的变种,而变种则可以视为初级物种。

5. 过去在博物学中,亲缘关系、生物躯体构造模式的一致性、形态学、适应性状和痕迹器官等说法只不过是一些隐喻。但是,在进化学说被广为接受之后,它们将不再只是隐喻,而将具有明确的含义并成为正式的科学术语。博物学研究也将更为生动有趣。

6. 在博物学中将会因此而开拓一些新的研究领域,如探索变异的原因和机制、器官的用进废退、外因的作用效应等。而人工选择也会开始实施真正的物种或品种的"创造计划"。

7. 对现代生物地理分布规律的探寻,将为我们研究古生物地理提供可贵的借鉴。

8. 由于古生物随时间而演进,将使我们有可能测定地层的相对年代顺序。

9. 物种是通过逐级变异而形成的;同样地,人类智力的获得也必然是逐级递变的结果。于是,人类的起源及其演化历史将会由此得以说明。

10. 物种起源是一个缓慢的渐进过程，这是物种形成的唯一方式。“自然界不存在飞跃”“地球上从未发生过使全世界变得荒芜的大灾变”。

[评述：前面九点无疑都是正确的或基本上是正确的；它们已为众多事实所验证。然而，最后一点，很可能是片面的，至少是不完全的。近几十年来的研究成果表明，事物发展过程，包括物种形成过程，既有渐变，也有突变，自然界里的确存在着飞跃。现代关于地质事件和生物演化事件的研究也告诉我们，我们的地球曾经历过多次使世界面貌发生剧烈变化的大灾变。

从全书的总体文字来看，达尔文似乎是纯粹的绝对的渐变论者；但仔细审读，会发现其实不然。他曾在第10章、11章、15章三次这样描述地史时期物种变化的规律：物种的变化，如以年代为单位计算，是长久的；然而与物种维持不变的年代相比，却显得很短暂。这种观点，与现代的“间断平衡”演化论十分相似。“间断平衡”演化论认为：物种是在较短的地质年代快速演变而成的；一旦成种之后，便在较长时期内保持不变。显然，达尔文当时已经认识到地史时期的生物演化是以快速突变与慢速渐变交替的方式进行的。

那么，达尔文为什么在他的论著中偏偏只强调渐变呢?我想,这也许与当时的时代背景有关,与达尔文的论战策略有关。达尔文深深懂得,物种不变论的根基是顽固的神创论。而神创论坚持物种特创和物种不变的护身法宝便是突变论和灾变论。许多著名学者(如赫赫有名的古生物学开山鼻祖居维叶等)之所以堕入神创论的泥潭不能自拔,也与他们受困于灾变论过深有关。在神创论或特创论看来,物种是被上帝一个一个单独创造出来的;一旦物种被突然创造出来,便不再改变。而当地球上的大灾难(如大洪水)毁灭了大群旧物种时,上帝便立即再快速创造出一批新物种。这种理念,在达尔文时代之前一直占主导地位。显然,要想攻破具有传统势力的特创论,在当时,达尔文也许只能坚持"自然界不存在飞跃"的渐变论,而完全摒弃任何形式的快速突变的思想,以不留给特创论任何可乘之机。这是达尔文的无奈之举,也应该是他之所以成功的高明之处。

在进化论广为认同的今天,我们客观地观察、评价生命演化历程,便会发现,在渐变的大背景里,的确还充满了无数大大小小的突变和灾变。它们联手创建了地球神奇的生命之树。当然,这是纯自然的过程,与上帝无关。]

中　　篇

物种起源(节选)

The Origin of Species

绪论—家养状态下的变异—自然状态下的变异—生存斗争—自然选择即适者生存—变异的法则—本学说之难点及其解绎—对自然选择学说的各种异议—古生物的演替—复述和结论

绪　论

当我以博物学者的身份参加“贝格尔号”皇家军舰游历世界时，在南美洲观察到有关生物地理分布以及现代生物和古生物的地质关系的众多事实，使我深为震动。正如本书后面各章将要述及的那样，这些事实对于解译物种起源这一重大难题提供了重要证据——物种起源曾被一位大哲学家认为是神秘而又神秘的难题。归国之后，于1837年我便想，如果耐心搜集和思考可能与这个难题有关的各种事实，也许会得到一些结果。经过五年工作，我潜心思索和推论，写出一些简要笔记。1844年我又将它扩充为一篇纲要，以记载我当时的结论。从那时以来，我一直在探索这个问题，从未间断。请读者原谅我做如此琐屑的陈述。其实，我只想说明，我今天所得出的结论，并非草率而成。

现在(1859年)，我的工作已接近完成，但要全部完成，还需许多年月。而我的健康状况不佳，有人便劝我先发表一个摘要。还有一个特别的原因也促成本书的问世,那就是,正在研究马来群岛博物志的华莱士先生对物种起源研究所做的结论,几乎与我完全一样。1858年,他寄给我一份关于物种起源的论文,嘱我转交给莱伊尔爵士。莱伊尔爵士将这篇论文送给林奈学会,并刊登在该会杂志的第3卷上。同时,莱伊尔爵士和胡克博士都了解我的工作;而且后者还读过我1844年写的纲要。承蒙他们盛意,认为我应该将我原稿中的若干摘要,与华莱士先生的卓越论文同时发表。

我目前发表的这个摘要,肯定还不够完善。在此,我无法为我的论述都提供参考资料和依据,但我觉得自己的论述是正确的。虽然我一贯严谨审慎,只信赖可靠的证据,但错漏之处,在所难免。对我得出的一般结论,只援引了少数事例进行说明;我想,在大多数情况下,这样做就够了。我比任何人都能深切地感到,有必要将支撑我的结论的全部事实和参考资料详尽地发表出来,我也希望能在将来一部著作中实现这一愿望。因为,我清楚地认识到,本书中所讨论的任一点都必须用事实来支撑,否则便会引出与我的学说完全相反的结论来。只有对每一问题正反两方面的事实和证据进行充分的叙述,权衡正误,才能得出正确的结论。当然,由于篇幅所限,在这里不可能这样做。

许多博物学家都给我以慷慨的帮助,其中有些人甚至从未谋面。十分抱歉,由于篇幅所限,不能在此一一致谢。但我必须借此机会对胡克博士表示深切的感谢。近15年来,他以丰富的学识和卓越的判断,尽一切可能给我以帮助。

关于物种起源问题,可以想象,一个博物学家对生物间的亲缘关系,胚胎关系,其地理分布、地质演替关系等问题进行综合考虑之后,不难得出这样的结论:物种不是被上帝分别创造出来的,而是跟变种一样,由其他物种演化而来。尽管如此,这种结论即使有根有据,如若不能说明这世界上无数物种是如何发生变异才获得令我们惊叹不已的构造及其适应特征,也仍难令人满意。博物学家常以食物及气候等外部环境条件的变化作为引起变异的唯一原因。从某种意义上看,这可能是对的,这一点以后还要讨论到。但若以外部环境条件来解释一切,那就不对了。比如说,只用环境条件变化解释啄木鸟的足、尾、喙和舌等构造何以能巧妙地适应取食树皮下的虫子,恐怕难以奏效。又如槲寄生,它从树木吸取养料,靠鸟类传播种子。作为雌雄异花植物,它还需昆虫才能传粉受精。假若我们仅靠外部环境或习性的影响,抑或植物本身的什么倾向来解释这种寄生植物的构造特征以及它与其他生物间的关系,肯定于理不通。

因此,搞清生物变异及相互适应的具体途径,是极其重要的。当我观察研究这个问题的初期,觉得要解决这一难题,最有效的途径便是从家养动物和栽培植物入手。结果的确没让我失望。虽然我常觉得由家养而引起变异的知识尚不完善,但总算为我们处理各类复杂事件提供了最好、最可靠的线索。此类研究虽常为博物学家们所忽视,但我敢担保,其价值重大。

正因为如此,我将本书第 1 章专门用来讨论家养状态下的变异。这样,我们至少能看到大量的遗传变异。同样重要或更加重要的是,我们还能看到,人类通过不断积累微小变异进行选种的力量何其巨大。

接着,在第 2 章,我们便将讨论物种在自然状态下的变异。然而在本书中我只能简略地进行讨论。因为要想深入探讨,必须长篇大论,附以大量事实。但无论如何,我们还是能讨论什么样的环境条件对变异最为有利。

第 3 章要讨论世界上一切生物的生存斗争,这一现象是生物按几何级数增加的必然结果。这正是马尔萨斯理论在动植物界的具体应用。由于每种生物繁殖的个体数,远远超出其可能生存的个体数,因而常常会引起生存斗争。于是,任何生物的变异,无论如何之微小,只要它在复杂多变的生活条件下对生物体有利,就能使生物获得更多的生存机会。由于强有力的遗传原理,任何被选择下来的变种,将会繁殖其新的变异了的类型。

自然选择这一基本论题,将在第 4 章进行详细的讨论。在此,我们将会看到,自然选择如何几乎不可避免地导致改进较小的生物大量灭亡,并且导引出我所谓的性状分歧。

在第 5 章,我将讨论复杂的、至今仍知之甚少的变异法则。

此后接下来的五章,将对阻碍接受本学说的最显著、最重要的难点一一进行探讨:第一,转变的困难,即简单的生物或器官,如何通过变异而转变成高度发展的生物或复杂的器官;第二,本能问题或动物的“智力”问题;第三,杂交问题,即种间杂交不育性和变种杂交可育性;第四,地质记录的不完备性。

第 11 章要讨论生物在时间上的地质演替关系。

第 12 和 13 两章,则讨论生物在空间上的地理分布。

第 14 章论述生物的分类或相互间的亲缘关系,包括成熟期及胚胎状态。

最后一章,我将对全书进行扼要的复述,并附简短的结语。

如果我们能正视我们对于周围生物之间的相互关系知之甚少的事实,那我们便会毫不奇怪,人类对物种和变种起源的认识仍处于不甚明了的状态。谁能清楚地解释,为什么某一物种分布广、数量多,而其近缘物种却分布窄、数量极少呢?然而,这些关系又至关重要,因为它们不仅决定着世界上一切生物现象的盛衰,而且我认为也决定着它们未来的成功和变异。至于对地史时期无数生物间的相互关系,我们所知便更少了。

尽管许多问题仍模糊不清,而且在今后很长时间还会模糊不清。但经过深入研究和冷静地判断,可以肯定,我过去曾接受而现在许多博物学家仍在坚持的观点——每一物种都是分别创造出来的观点,是错误的。

我坚信,物种是可变的;那些所谓同属的物种实际上都是另一个通常已灭绝物种的直系后代,正如某一物种的变种都公认是该种的后代一样。此外,我还认为,自然选择是形成新物种最重要的途径,虽然不是唯一的途径。

家养状态下的变异

变异的原因

仔细审看历史悠久的栽培植物和家养动物，将同一变种或亚变种中的各个体进行比较，其中最引人注目的就是，家养生物间的个体差异，比起自然状态下任何物种或变种间的个体差异都要大。形形色色的家养动植物，经人类在极不相同的气候等条件下进行培育而发生变异。由此，我们必然得出结论，这种巨大的变异，主要是由于家养的生活条件，远不像其亲种在自然状态下那样一致。奈特(T. A. Knight，1759—1838)认为，家养生物的变异，与过多的食物有关，这可能也有道理。显然，生物必须在新的生活条件作用下，经过数个世代，方能发生大量变异；而且，一旦生物体发生了变异，往往会在后续若干世代不断地变异下去。一种能变异的生物，经培育后又停止变异的情况，尚未见有报道。最古老的栽培植物，比如小麦，目前仍在变异产生新变种；最古老的家养动物，目前也仍在迅速改进或变异。

经过长期研究，我觉得，生活条件通过两种方式起作用：一是直接作用于生物体的整体机制或局部构造，二是间接影响到生殖系统。关于直接作用，正如魏斯曼(Weismann)教授最近强调指出的，我以前在《动物和植物在家养下的变异》中也偶尔提到的，它应包括两方面因素，即生物本身的性质和外部条件的性质。而且，生物本身的内因比条件外因更为重要。因为在我看来，一方面，不同的外部条件可产生相似的变异，另一方面，不同的变异可在相似的条件下发生。生活条件造成后代的变异，可以是一定变异，也可以是不定变异。所谓一定变异，是指在某种条件下，一切后代或近乎一切后代，能在若干世代按相同的方式发生变异。然而对这种一定变异，很难确定其变化的范围，当然，下述细微变异例外：食物供应的多寡引起生物体大小的变异，食物的性质导致肤色的变异，气候的变化引起皮毛厚薄的变异等等。我们在鸡的羽毛上看到无数变异，每一变异必有其具体原因。如果用同一因素作用于众多生物体，经历若干世代，则可能产生相同的变异。某些昆虫的微量毒汁一旦注入植物体内，便会产生复杂多变的树瘤。这一事实表明，植物体液如果发生化学变化，便会产生何等奇异的变形。

与一定变异相比,不定变异更多的是由于条件改变了的结果。它对于家养品种的形成,可能更为重要些。在无数微小特征中我们看到了不定变异,这些微小特征使同一物种内的不同个体得以区别。我们不能认为这些不定变异是从父母或祖先那里遗传下来的,因为即使是同胎或同一蒴果种子所产生的幼体中,也可能产生极其明显的差异。在同一地方,用同一饲料喂养,但经过很长时期以后产生的数百万个体中,也偶然会有构造上的显著变异,以致被认为是畸形;但畸形与较轻变异之间,并无明显界线。所有这一类的变异,出现在一起生活的众多个体之间,无论是细微的,还是显著的,都应该认为是环境条件对个体引起的不定变化的效果。这正如寒冷天气可以使人咳嗽、感冒、患风湿症或引起各种器官的炎症,其效应因个人体质而异。

至于条件改变所引起的间接作用,即对生殖系统所起的作用,我们可以推想,它能从两方面引起变异。一方面是生殖系统对外界条件的变化极为敏感;另一方面,正如凯洛依德(Kölreuter)所指出的,在新的非自然状态下的变异有时会跟异种杂交所引起的变异非常类似。许多事实表明,生殖系统对环境条件的改变极为敏感。驯养动物并不难,但要让它们在栏内交配、繁殖并非易事。有不少动物,即使在其原产地,并在近乎自然状态下饲养,也无法生育。过去,人们将原因归于生殖本能受到伤害,其实不对。许多栽培植物生长茂盛,但很少结籽,或根本不结籽。在少数场合,条件有些许变化,比如在某一特殊阶段,水分多一点或少一点,便会足以影响到它会不会结籽。关于这个奇妙的问题,我搜集的许多事例已在别处发表,在此不再赘述。

但这里想说明圈养动物生殖法则是何等的奇特。例如肉食性兽类,即使从热带迁到英国圈养,除熊科动物例外,其余皆能自由生育。与此相反,肉食性鸟类,除极少数外,一般很难孵化出幼鸟。许多外来植物,其花粉同不能繁育的杂种一样,毫无用处。所以,一方面我们看到家养动植物,虽然柔弱多病,但仍能在圈养状态下自由生育;另一方面,幼年期从自然状态下取来饲养的生物,虽然健壮长寿(我可以举出许多例证),但其生殖系统受到未知因素的影响而失灵。于是,当看到生殖系统在圈养状态下与祖先有所差异,且产出与其父母不大相似的后代时,我们也就不以为怪了。我还得补充一点,有些动物在极不自然的生活状态下(如在笼箱里饲养雪貂和兔),也能自由生育,这说明其生殖器官未因此而受影响。所以,有些动植物能够经受得住家养或栽培的影响,而且极少变异,其变异量并不比在自然状态下大。

有些博物学家主张,一切变异都与有性生殖有关。这种看法显然不对。我曾在另一著作中,[①]将园艺学家称之为“芽变植物”(Sporting plant)的植物列成了一张长长的表。这类植物能突然生出一个芽,它与同株其他的芽的特征明显不同。这种芽变异,可用嫁接、扦插,有时甚至还可用播种的方法使其繁殖。这种芽变现象,在自然状态下极少发生,但在栽培状态下则并不罕见。在条件相同的同一树上,每年生出数千个芽,其中会突然冒出一个具有新性状的芽。另一方面,在不同条件下的不同树上,有时竟然能产生几乎相同的变种来,比如从桃树的芽上长出油桃(Nectarine),在普通蔷薇上的芽生出苔蔷薇(Moss rose)。因此,我们可以清楚地看出,在决定变异的特殊类型上,外因条件与生物本身内因相比,仅居次要地位。

习性和器官的使用与不使用的效应;相关变异;遗传

习性的变化可以产生出遗传效应,例如植物从一种

① 指《攀援植物的运动和习性》。——编辑注

气候环境迁到另一气候环境,其开花期便会发生变化。至于动物,身体各部构造和器官的经常使用或不使用,则效果更显著。例如,我发现家鸭的翅骨与其整体骨骼的重量比,要比野鸭的小;而家鸭腿骨与其整体骨骼的重量比,却比野鸭的大。无疑,这种变化应归因于家鸭飞少而走多之故。"器官使用则发达"的另一个例子是:母牛和母山羊的乳房,在经常挤奶的地方总比不挤奶的地方更为发育。我们的家养动物,在有些地区其耳朵总是下垂的。有人认为,动物耳朵下垂是因为少受惊吓而少用耳肌之故,此说不无道理。

支配变异的法则很多,可我们只能模模糊糊地看出有限的几条。这些将在以后略加讨论,这里我只想谈谈相关变异。胚胎和幼体如果发生重要变异,很可能要引起成体的变异。在畸形生物身上,各不同构造之间的相关作用,是十分奇妙的,关于这一点,小圣伊莱尔(Saint-Hilaire,1805—1861)的伟大著作中记载了许多事例。饲养者们都相信,四肢长的动物,其头也长。还有些相关变异的例子,十分古怪。比如,毛白眼蓝的猫,一般都耳聋,但据泰特(Tait)先生说,这种现象仅限于雄猫。色彩与体质特征的关联,在动植物中都有许多显著的例子。据赫辛格报道,白毛的绵羊和猪吃了某些植物会受到伤害,然而深色的绵羊和猪则不会。韦曼教授(Prof. Wyman)最近写信告诉我一个很好的例子。他问弗吉尼亚的农民,为何他们的猪都是黑色的。回答说,猪吃了绒血草(Lachnanthes Caroliniana),骨头就变成红色,而且除了黑猪之外,猪蹄都脱落了。该地一个牧人又说:"我们在一胎猪仔中,只选留黑色的来饲养,因为只有黑猪,才有好的生存机会。"此外,无毛的狗,其牙也不全;毛长而粗的动物,其角也长而多;脚上长毛的鸽子,其外趾间有皮;短喙鸽子足小,而长喙者足大。所以,人们如果针对某一性状进行选种,那么,这种神奇的相关变异法则,几乎必然在无意中会带来其他构造的改变。

各种未知或不甚了解的变异法则造成的效应,是形形色色、极其复杂的。仔细读读几种关于古老栽培植物如风信子(Hyacinth)、马铃薯,甚至大丽花的论文,是很值得的。看到各变种和亚变种之间在构造特征和生命力上的无数轻微差异,的确会使我们感到惊异。这些生物的整体构造似乎已变成可塑的了,而且正以轻微的程度偏离其亲代的体制。

各种不遗传的变异,对我们无关紧要。但是,能遗传的构造变异,不论是微小的,还是在生理上有重要价值的,其频率及多样性,的确无可计数。卢卡斯(Lucas)

的两部巨著,对此已有详尽的记述。对遗传力之强大,饲养者们从不置疑。他们的基本信条是“物生其类”。只有空谈理论的人们,才对这个原理表示怀疑。当构造偏差出现的频率很高,而且在父代和子代都能见到这种偏差时,那我们只能说这是同一原因所致。但有些构造变异极为罕见,且由于众多环境条件的偶然结合,使这种变异既见于母体,也见于子体,那么这种机缘的巧合也会迫使我们承认这是遗传的结果。大家想必都听说过,在同一家族中的若干成员都出现过白化症、皮刺或多毛症的事例。如果承认罕见而怪异的变化,确实是遗传的,那么常见的变异无疑也应当是可遗传的了。于是,对这个问题的正确认识应该是:各种性状的遗传是通例,而不遗传才是例外。

支配遗传的法则,大多还不清楚。现在还没有人能说清,为什么在同种的不同个体之间或异种之间的同一性状,有时能够遗传,而有时又不能遗传;为什么后代常常能重现其祖父母的特征甚至其远祖的特征;为什么某一性状由一种性别可以同时遗传给雌、雄两性后代,有时又只遗传给单性后代,当然多数情况下是遗传给同性别的后代,尽管偶尔也遗传给异性后代。雄性家畜的性状,仅传给雄性,或大多传给雄性,这是一个重要事实。

还有一种更重要的规律,我以为也是可信的,就是在生物体一生中某一特定时期出现的性状,在后代中也在同一时期出现(虽然有时也会提早一些)。在众多场合,这种性状定期重现,极为精确。例如牛角的遗传特性,仅在临近性成熟时才出现;又如蚕的各种性状,也仅限于其幼虫期或蛹期出现。遗传性疾病及其他事实,使我相信,这种定期出现的规律适用的范围更宽广。遗传性状何以定期出现?虽然其机理尚不明了,但事实上确实存在着这种趋势,即它在后代出现的时间,常与其父母或祖辈首次出现的时间相同。我认为,这一规律对于解释胚胎学中的法则是极其重要的。以上所述,仅指性状"初次出现"这一点,并不涉及作用于胚珠或雄性生殖质的内在原因。比如,一只短角母牛如果跟长角公牛交配,其后代的角会增长。这虽然出现较晚些,但显然是雄性生殖因素在起作用。

上面讲到返祖现象,现在我想提一下,博物学家们时常说,当我们家养变种返回野生状态后,必定渐渐重现其祖先的性状。因此有人据此认为,我们不能用家养品种的研究,来推论自然状态下物种的情况。我曾试图探求这些人如此频繁而大胆地作出这种判断的理由,皆未成功。的确,要证明这种推断的真实性是极其困难的。而且,我可以很有把握地说,许多性状最显著的家养变种,将不能在野生状态下生存下去。而且,我们并不知道许多家养生物的原种是什么,因而无法判断返祖现象是否能完全发生。为了防止受杂交的影响,我们必须将试验的变种单独置于新地方。虽如此,家养变种有时确能重现其祖先的若干性状。比如,将几种甘蓝(Cabbage)品种种在贫瘠土壤中,经过数代,可能会使它们在很大程度上恢复到野生原种状态(不过,此时贫瘠土壤也会起一定的作用)。这种试验,无论成功与否,于我们的观点无关紧要,因为试验过程中,生活条件已经发生了变化。

假如谁能证明,把家养变种置于同一条件下,且大量地养在一起,让它们自由杂交,以使其相互混合,从而避免构造上的任何微小偏差,此时要是仍能显示强大的返祖倾向——即失去它们的获得性状,那么,我自当承认不能用家养变异来推论自然状态下的物种变异。然而,有利于这一观点的证据,连一点影子也未见到。如要断言,我们不能将驾车马和赛跑马、长角牛和短角牛、鸡以及各类蔬菜品种无数世代地繁殖下去,那将是违反一切经验的。

家养变种的性状；区别变种与物种的困难；家养变种起源于一个或多个物种

如果观察家养动植物的遗传变种或品种，并将其与亲缘关系密切的物种进行比较，我们便会发现，如上所述，各家养变种的性状，没有原种那么一致：家养变种常具有畸形特征。也就是说，它们彼此之间，它们与同属的其他物种之间，虽然在一些方面差异很小，但是总在某些方面表现出极大的差异，尤其是将它们与自然状态下的最近缘物种相比较时，更是如此。

除了畸形特征之外(以及变种杂交的完全可育性——这一点将来还会讨论到)，同种内各家养变种之间的区别，与自然状态下同属内各近缘种之间的区别，情形是相似的，只是前者表现的程度较小些罢了。我们应该承认这一点是千真万确的。因为许多动植物的家养品种，据一些有能力的鉴定家说，是不同物种的后代，而另一些有能力的鉴定家说，这只是些变种。假如家养品种与物种之间区别明显，那便不会反复出现这样的争论和疑虑了。

有人常说，家养变种间的差异，不会达到属级程度。

我看,这种说法并不正确。博物学家们关于生物的性状,怎样才算是达到属级程度,各自见解不同,鉴定的标准也无非凭各自的经验。待我们搞清自然环境中属是如何起源时,我们就会明白,我们不应企求在家养品种中能找到较多属级变异。

在试图估算一些近缘家养品种器官构造发生变异的程度时,我们常陷入迷茫之中,不知道它们是源于同一物种,还是几个不同的物种。若能真搞清这一点,那将是很有意思的。比如,我们都知道,细腰猎狗(Greyhound)、嗅血警犬、㹴(gēng)(Terrier)、长耳猎狗(Spaniel)和斗牛犬(Bull-dog)皆能纯系繁育。假若能证明它们源出一种,那就能使我们对自然界中许多近缘物种(如世界各地的众多狐种)是不改变的看法,产生很大的怀疑。我不相信,上述几种狗的差异都是在家养状态下产生的,这一点下面将要谈及。

我认为,其中有一小部分变异是由原来不同物种传下来的。但是,另外一些特征显著的家养物种,却有证据表明它们源自同一物种。

自然状态下的变异

在将从上一章①推衍出来的原理应用到自然状态下的生物之前,我们应概略地讨论一下自然状态下的生物是否容易发生变异。但要搞清这个问题就得列举大量枯燥乏味的实例,于是只好把它们留待将来另文讨论。此外,我也不打算在这里讨论物种这一术语的各种不同定义,因为没有一种定义能使所有博物学家都满意;而且每个博物学家在谈到物种这一术语时也都是含糊其辞的。一般说来,物种这个术语含有某种未知的创造行为之意。对于变种这个术语,也同样难以下定义。这里虽然没有提供什么证明,但变种一般被理解为含有共同祖先的意思。此外,所谓畸形也难以定义,不过畸形已逐渐为变种一词所替代。我认为畸形是对某个物种有害或无用的发育异常的构造。有些学者把变异这一术语用于一种专门的意义,即专门指那种由生活的自然条

① 指原书第1章。——编辑注

件直接引起的变异,而且认为这种变异是不能遗传的。但是谁能说波罗的海半咸水中贝类变短,阿尔卑斯山顶植物的矮小或者极北地区动物的厚毛在某些情况下不会遗传若干代呢?我认为在这种情况下的生物类型应该称为变种。

在一些家养生物,尤其是植物中,我们偶然会发现一些突然出现的构造上的显著差异;这些差异,在自然状态下是否能永久传下去,是值得怀疑的。几乎所有生物的每一个器官,都完美地适应于其生活的环境条件,所以任何器官都不会突然就完善地产生出来,正如人类不可能一下子发明出复杂完善的机器一样。在家养状态下有时会产生一些畸形,这些畸形却与其他种类动物的正常构造相似。例如,猪有时会生下有长鼻子的小猪来。如果同属的任何野生物种曾自然地长有长鼻,这种长鼻猪也许是以一种畸形出现的;但是努力搜寻后,我没有找到与近缘种类的正常构造相似的畸形例证,而这正是问题的关键。如果在自然状态下这种畸形类型确曾出现并能繁殖(往往不能繁殖),那么,由于这种畸形是极少地或单独地出现,它们必须依靠异常有利的环境才会保存下来。此外,这种畸形在头一代和以后各代都会与普通类型杂交,这样它们的变异特征几乎不可避免地要失掉。在下一章，[①]我还要再谈单独或偶然出现的变异的保存与延续的问题。

个体间的差异

同一父母的后代之间会有许多微小的差异。设想栖息在同一有限地区的同种个体，也是同一祖先的后代，在它们中间也会观察到许多微小的差异，这些差异可以称为个体间的差异。谁也不会设想同种的一切个体会像一个模型铸造出来的一样。差异是非常重要的，因为众所周知，差异常常是可以遗传的；因为能遗传，个体间的差异就为自然选择作用和它的积累提供了材料。这种自然选择和积累与人类在家养生物中朝着一定方向积累个体差异的方式是一样的。个体间的差异一般发生在博物学家认为不重要的器官上，但我可以通过很多事实，证明同种个体间的差异，也常发生于那些无论从生理学，还是从分类学来看，都很重要的器官。

我认为，最有经验的博物学家，只要像我多年来一直做的那样去认真观察，便会发现，生物发生变异，甚至重要构造器官上的变异，其数量多得惊人。应该指出的

① 指原书第3章。——编辑注

是,分类学家并不喜欢在重要特征中发现变异;而且很少有人愿意下工夫去检查内部重要的器官,并在众多同种标本之间去比较它们的差异。可能没有人会料到,昆虫的大中央神经节周围的主要神经分支在同一物种里也会发生变异。或许人们通常认为这类性质的变化只能缓慢进行。但是卢布克爵士(Sir Lubbock)曾经指出,介壳虫(Coccus)主要神经分支的变异达到了犹如树干的分支那样全无规则的程度。这位博物学家还指出,某些昆虫幼体内肌肉的排列也很不相同。当一些学者声称重要器官从不变异时,他们往往采用了一种循环推理的论证法,因为这些学者实际上把不变异的部分列为重要器官(他们中有的人也承认这一点)。当然,按这种观点,重要器官发生变异的例证当然不会找到。但是,如果换一种观点,人们肯定能举出许多重要器官也会发生变异的例子来。

有个与个体变异有关的问题,使人感到特别困惑,那就是在所谓"变型的"或"多型的"属内,物种的变异达到异常多的数量。对于其中的许多类型,究竟应列为物种还是变种,难得有两位博物学家意见相同。可以举出的例子有植物中的悬钩子属(*Rubus*)、蔷薇属(*Rosa*)和山柳菊属(*Hieracium*)及昆虫类和腕足类中的一些属。

大部分多型属里的一些物种有固定的特征,除了少数例外,一般在一个地方为多型的属,在另一个地方也是多型的。从关于古代腕足类的研究中也会得出同样的结论。

这些事实令人困惑,因为它们表现出的这些变异,似乎与生活条件没有关系。我猜想,因为这些变异,至少在某些多型属内对物种本身并无利害关系,所以自然选择既没有对它们起作用,也没有使这些特征固定下来。对此,我将在后文再做解释。

我们知道,同种的个体之间在身体构造上,还存在着与变异无关的巨大差异。如在各种动物的雌雄个体之间,在昆虫的不育雌虫(即工虫)的两三个职级间,以及许多低等动物的幼虫和未成熟个体之间所显示的巨大差异。又如,在动物界和植物界,都存在着二型性和三型性的实际情况。华莱士先生近来注意到了这个问题,他指出,在马来群岛某种蝴蝶的雌性个体中,存在着两种或三种有规则并显著差异的类型,但是不存在连接这些类型的中间变种。弗里茨·缪勒(Fritz Müller)在描述巴西的某些雄性甲壳类动物时,谈到了类似但更为异常的情况。例如,异足水虱(Tanais)经常产生两种不同的雄体,其中一种有形状不同的强有力的螯足,而另一种则有布满嗅毛的触角。

在动植物所呈现的这两三种不同类型之间,虽然目前已找不到可以作为过渡的中间类型,但是以前可能有过这样的中间类型。以华莱士先生所描述的某一岛屿的蝴蝶为例,这种蝴蝶的变种很多,以至于可以排成连续的系列;而此系列两端的类型,却和马来群岛其他地区的一个近缘双型物种的两个类型极其相似。蚁类也是如此,几种工蚁的职级一般说来是十分不同的;但在随后要讲的例子中可以看到,这些职级是由一些分得很细的中间类型连接在一起的。我自己从某些二型性植物中也观察到这种情况。例如,一只雌蝶竟然能够同时生产出三个不同的雌体和一个雄体后代;一株雌雄同体的植物竟然可在一个蒴果内产生出三种不同的雌雄同株个体,而这些个体中包含有三种不同的雌性和三种或六种不同的雄性个体。这些事实初看起来确实奇特,但实际上它们不过是一个寻常事实的典型代表而已。即是说,雌性个体可以生产出具有惊人差异的各种雌雄两性后代。

可 疑 物 种

有些类型在相当程度上具有物种的特征,可是它们又与别的一些类型非常相似,或者有一些过渡类型把它们与别的类型连接起来,这样博物学家们就不愿把它们列为不同的物种。从几个方面来看,这些连续性类型对于论证我们的学说极其重要,因为我们有充分理由相信,很多这种分类地位可疑而又极其相似的类型,已经长期地保持了它们的特征。就我们所知,它们能够像公认的真正物种一样长期地保持其特征。其实,当博物学家利用中间环节连接两个类型时,他实际上已把其中一个当作另一个的变种。在分类时,我们将最常见或最先记载的一个当作物种而把另一个当作变种。不过即便在两个类型之间找到了具有杂种性质的中间类型,要决定应否把一个类型列为另一个类型的变种往往也是很困难的。然而有很多时候,一个类型被认为是另一个类型的变种,并不是因为在它们之间已经找到了过渡类型,而是因为构造上的类比,使观察者推想这种中间环节现在一定存在于某处或过去曾出现过。但这样推想难免为怀疑与猜测敞开了大门。

因而,把一个类型列为物种还是变种,应该由经验丰富、具备良好判断力的博物学家来决定。当然在很多场合,我们也依据大多数博物学家的观点来做决定,因为显著而为人熟知的物种,往往都是由若干有资格的鉴定者定为物种的。

毫无疑问,性质可疑的变种是非常普遍的。比较一下各植物学家所著的大不列颠的、法国或美国的植物志吧,你就会发现有数量惊人的类型,被这个植物学家确定为物种,而又被另一个植物学家列为变种。华生先生(Mr. H. C. Watson)曾多方面协助我而使我心怀感激;他曾为我列出182种现在公认是变种的不列颠植物,而这些变种都曾被某些植物学家列为物种。华生先生排除了许多曾被某些植物学家列为物种的无足轻重的变种。此外,他还完全删除了一些显著的、多型性的属。在类型最多的属里,巴宾顿先生(Mr. Babington)列举了251个物种,而本瑟姆先生(Mr. Bentham)只列举了112个物种,这就意味着有139个可疑物种的差距!在每次生育都必须进行交配而又极善运动的动物中,有些可疑类型,被一个动物学家列为变种而被另一动物学家列为物种。这样的可疑类型在同一地区很少见,但在彼此隔离的地区却极为普遍。在北美和欧洲,有多少差异细微的鸟类和昆虫,被一个著名学者定为不容置疑的物种,而被另一学者列为变种,或被称为"地理族"。

华莱士先生在他的几篇关于动物的很有价值的论文中说,栖息在大马来群岛的鳞翅类(Lepidoptera)动物可以分为四类：变异类型、地方类型、“地理族”(或地理亚种)和有代表性的真正物种。作为第一类的变异类型在同一个岛屿上变异很大。地方类型在本岛上相当固定，但是各个隔离的岛上则互不相同。但是如果把各岛上的一切类型放在一起比较，除了在两极端的类型间有足够的区别，其他类型间的差异小得几乎难以辨识。地理族(或亚种)是有固定特征的隔离地方类型，而在显著重要的特征方面它们之间没有差异，所以“除了凭个人意见之外不可能通过测试来确定，哪个类型为物种，哪个类型为变种”。

最后看看那些有代表性的物种吧，在各岛的生态结构中，它们占据的位置与地方类型和亚种相当。只因为它们之间的差异，比地方类型间和亚种间的差异大得多，博物学家才几乎一致地把它们分别列为真正的物种。以上是引述的一些分类方法，但要提出确切的标准来作为划分变异类型、地方类型、亚种或有代表性物种的依据是不可能的。

多年前我曾比较过加拉帕戈斯群岛中各邻近岛屿上的鸟类，我也见到其他学者进行过类似的比较，结果我吃惊地发现，所谓物种与变种间的区别是非常模糊和随意的。在沃拉斯顿先生(Mr. Wollaston)的大作中，马德拉群岛的小岛上许多昆虫被分类为变种,但这些昆虫肯定会被其他昆虫学家列为不同的物种。甚至一些普遍被列为变种的爱尔兰动物,也曾被动物学家定为物种。一些有经验的鸟类学家认为,英国赤松鸡只是挪威种的一个特征显著的族,可是大多数学者却把它列为大不列颠特有的无可争议的物种。

两个可疑类型,常因其产地相距遥远而被博物学家列为不同的物种;但人们不禁要问,其距离到底要多远才足以划分成不同的种?如果说美洲与欧洲间的距离足够远,那么欧洲与亚速尔群岛、马德拉群岛和加那利群岛之间的距离,或这些群岛的诸岛之间的距离是否足够远呢?

生存斗争

在论述本章[1]主题之前，我得先谈谈生存斗争对自然选择学说的意义。在上一章[2]，我们已经证明生物在自然状态下会发生某种变异。诚然，我原不知关于这一点还发生过争论。对我们来说，许多可疑类型，究竟应称为物种还是亚种(或变种)并不重要，就像英国植物中有两三百个可疑类型，它们究竟应列为哪一类型并不重要一样，只要承认显著变种的存在就行了。但是，仅靠作为本书基础的个体变异和显著变种的存在，还是不能使我们理解自然界中的物种是如何产生的。各类生物之间的相互适应，它们对生活环境的适应，以及单个生物与生物之间的巧妙适应关系，何以能达到如此完美的程度？我们处处能看到这些巧妙的互相适应关系。首先是啄木鸟和槲寄生的关系，其次是依附于兽毛或鸟羽

① 指原书第3章。——编辑注

② 指原书第2章。——编辑注

中的低等寄生虫，潜水甲虫的构造及靠微风吹送的带茸毛的种子的关系，等等。总之，巧妙的适应关系存在于生物界的一切方面。

此外我们还要问，那些被称为初期物种的变种，是如何最终发展成为明确的物种的呢？显然大多数物种间的差异，比同种内各变种间的差异要明显得多，而构成不同属的物种间的差异，又大于同属内物种间的差异，而这些种类又是如何产生的呢？可以说，所有这一切都是生存斗争的结果。在下一章[①]里，我将详细地讨论这个问题。

由于生存斗争的存在，不论多么微小的，或由什么原因引起的变异，只要对一个物种的个体有利，这一变异就能使这些个体在与其他生物斗争和与自然环境斗争的复杂关系中保存下去，而且这些变异一般都能遗传。由于任何物种定期产生的众多个体中，只有少数能够存活下去，所以那些遗传了有利变异的后代，就会有较多的生存机会。我把这种每一微小有利的变异能得以保存的原理称为自然选择，以示与人工选择的不同。但是斯宾塞(H. Spencer，1820—1903)先生常用的“适者

① 指原书第4章。——编辑注

生存”的说法,使用起来同样方便而且更为准确。我们知道,利用人工选择,人类能获得巨大效益,即通过积累“自然”赋予的微小变异使生物适合于人类的需要。但是,我们将要论及的自然选择,是永无止境的,其作用效果之大远远超出人力所及,两者相比,犹如人工艺术与大自然的杰作之比,其间存在着天壤之别。

现在集中谈谈生存斗争的问题,但更详细的论述还将见之于以后的著作。老德·康多尔(de Candolle)和莱伊尔两位先生,曾富有哲理地详尽说明一切生物都卷入激烈的竞争之中。曼彻斯特区的赫巴特(W. Herbert)教长以植物为例对这一问题所作的极为精彩的论述得益于他颇深的园艺学造诣。口头上承认普遍存在着生存斗争这一真理并不难,难得的是时时把这一真理记在心中。在我看来,只有对生存斗争有深刻的认识,一个人才能对整个自然界的各种现象,包括生物的分布、稀少、繁多、灭绝及变异等事实,不致感到迷惘或误解。例如,当我们看到极为丰富的食物时,我们常欣喜地看到自然界光明的一面,而没有看到或者忘记了那些自由歌唱的鸟儿,在取食昆虫或植物种子时,却在不断地毁灭另一类生命;可能我们还忘记了,这些“歌唱家”们的卵或雏鸟是如何大量地被其他以肉为食的鸟类或兽类所毁灭的。我们也不应该忘记,尽管目前食物丰富,但并不是年年季季都如此。

广义的生存斗争

应先说明的是,作为广义和比喻使用的生存斗争不但包括生物间的相互依存,而且更重要的是还包括生物个体的生存及成功繁殖后代的意义。在食物缺乏时,为了生存,两只狗在争夺食物,可以说它们真的是在为生存而斗争。可是生长在沙漠边缘的植物,与其说是为了生存而与干旱做斗争,不如说它们是依靠水分而生存。一株年产1000粒种子的植物,平均只有一粒种子可以开花结籽。确切地说,它在和已经遍地生长的同类和异类植物相斗争。槲寄生依附于苹果树和其他几种树木生活,说它们是在和寄主做斗争,也是说得过去的。因为如果同一棵树上槲寄生太多,树木就会枯萎死去。如果同一树枝上密密缠绕着数株槲寄生幼苗,说这些幼苗在相互斗争倒更确切。因为槲寄生靠鸟类传播种子而生存,各类种子植物都得引诱鸟类前来吞食和传播它的种子。用比喻的说法,各种植物之间也在进行生存斗争。以上几种含义彼此相通,为了方便起见,我就使用了一个概括性的术语——生存斗争。

生物按几何级数增加的趋势

一切生物都有高速率增加其个体数量的倾向,这必然会导致生存斗争。在自然生命周期中要产生若干卵或种子的生物,往往在生命的某一时期,某一季节,或某一年里肯定会遭受灭亡。否则,按照几何级数增加的原理,这种生物的个体,将因数量的迅速增加而无处存身。由于生产出的个体可能多于存活下来个体间的数目,那么自然界中将不可避免地要发生生存斗争:同物种内个体与个体间的斗争,或是不同物种间的斗争,或是生物与其生存的自然环境条件斗争。其实这正是马尔萨斯的学说。此学说应用于整个动植物界时具有更强大的说服力,因为在自然界里,既没有人为地增加食物,也没有严谨的婚姻限制。虽然某些物种目前是在或多或少地增加个体数量,但并非所有的物种都如此,否则这世界将容纳不下它们了。

毫无例外,如果每一种生物都高速率地自然繁殖而不死亡的话,即便是一对生物的后代,用不了多长时间也会将地球挤满。即使是生殖率低的人类,人口也可在

25年内增加一倍。按这个速率计算,用不了一千年,其后代将在地球上无立足之地了。林奈曾计算过,如果一棵一年生的植物只结两颗种子(实际上没有这样少产的植物),其幼苗次年再各结两颗种子。以此类推,20年内就会有100万株这种植物生长着。在所有已知的动物中,大象是繁殖最慢的,我曾仔细地估算过它自然增长率的最低限度。最保守地说,假定大象寿命为100岁,自30岁起生育直到90岁为止,这期间共产6仔,(如果所有幼仔都能成活并繁殖后代的话)那么,在740—750年后,这对大象就会繁衍出1900万头后代。

关于这个问题,除了单纯理论上的计算,我们还有更好的证明,那就是在自然状态下,许许多多动物在接连两三个有利于生长的季节里,迅猛繁殖的记载。尤其使人惊异的是,有许多家养动物,在世界上某些地区繁殖之快,甚至失去控制。例如,牛和马的生殖速率本来是极慢的,但是在南美洲及最近在大洋洲,若不是有确实证据,其增加速度之快,简直令人难以置信。

植物也是如此,以引入英伦诸岛的植物为例,不到十年工夫,它们就遍布全岛而成为常见植物了。有几种植物,如拉普拉塔(Laplata)的刺菜蓟(Cardoon)和高蓟(Tall thistle),它们原是由欧洲大陆传入的物种,而现在它们在南美洲的广大平原上,已成为最常见的植物了,往往在数平方英里[①]的地面上,几乎见不到其他的植物杂生。福尔克纳(H. Falconer,1808—1865)博士告诉我,自美洲被发现后,从美洲输入印度的植物现在已从科摩林角(Cape Comorin)到喜马拉雅(Himalaya)山下,遍布整个印度了。

看到这些例子和其他无数类似的例子时,谁也不会认为这是因为动植物的繁殖能力会突然明显增强的结果。显然,正确的解释应该是:生存条件对它们非常有利,老、幼者皆很少死亡,几乎所有的后代都能成长而繁殖,以几何级数增加的原理,就是对这些生物在新的地方迅猛增殖并广泛分布的简明解释。无疑,几何级数增加的后果总是惊人的。

在自然状态下,成年的植株几乎年年结种子,大多数的动物也是年年交配。因此我们可以断定,所有动植物都有按几何级数增加的倾向——迅速挤满任何可以赖以生存的地方;但是,这种以几何级数增加的倾向,会在生存的某一时期,因个体数量的减少而受到抑制。人们可能误以为大型家养动物不会遭到大量死亡的威胁。

① 1英里=1609.344米。——编辑注

但是,每年都有成千上万的牲畜因供食用而被屠宰,在自然状态下也因种种原因有同样数量的牲畜死亡。

有的生物每年能产上千的种子或卵,有的则极少繁殖,两者间的差距仅在于:生殖率低的生物在有利条件下,需更长时间才能布满一个地区(假设这个地区较大)。秃鹰(Condor)年产 2 个卵,鸵鸟年产 20 个卵,然而在同一地区秃鹰可能比鸵鸟多得多。管鼻鹱(hù)(Fulmar petrol)仅产一卵,但人们相信这是世界上最多的鸟。一只苍蝇可产数百只卵,虱蝇(Hippobosca)仅产一卵,可这种差异并不能决定同一地区内两种生物个体的多少。有些生物赖以生存的食物在数量上经常波动。对于这样的生物而言,大量产卵是很重要的,因为在食物充足时,它们的个体数量能迅速增加。但是大量产卵的真正意义,在于补偿某一生命期内个体的大量减少。对绝大多数生物来说,这个时期是生命的早期。如果一种动物能以某种方式保护自己的卵或幼体,则少量的繁殖即可保持它的平均数量,如果卵或幼体死亡率极高,则必须多产,否则这种生物就会灭绝。假设有一种树可以活一千年,千年中只结一粒种子,假如这粒种子不会毁灭,肯定能够发芽的话,这就足以保持这种树的数量。总之,在任何情况下,动植物个体的平均数量与其卵或种子的数量,仅有间接的依存关系。

在观察自然界时,我们应时时记住上述观点——每一生物都在竭尽全力地争取个体数量的增加;每一生物在生命的一定时期必须靠斗争才能存活;在每一代或每隔一定时期,生物中的幼体或衰老者难免遭受灭亡。减轻任何一种抑制生殖的作用,或是稍微减少死亡率,这一物种个体的数量就会立即大增。

抑制生物数量增加的因素

个体数量增加是每一物种的自然倾向,能控制这一自然倾向的因素很难解释清楚。那些极兴旺的物种,它们已经增加,并且今后的趋势仍将是继续大量增加。但是我们竟然不能举出任何例子,来确切说明是什么因素抑制其大量的增加。其实这并不奇怪,因为在这个问题上我们就是如此无知,甚至对人类本身,我们也同样无知,尽管我们对人类的了解远远超出对任何动物的了解。曾有数位学者讨论过抑制个体数量增加的问题,我打算在将来的著作中对这一问题,尤其是关于南美洲的野生动物再进行详细地讨论。在此,我只提出几个要点以引起读者注意。卵以及非常幼小的动物最易受害,但并非一概如此。对于植物来说,种子所受的损害是大的,但是据我观察,在长满其他植物的土地上,新生的幼苗受到损害最大。此外,幼苗也常大量地遭受各种敌害的毁灭。我曾在一块长 3 英尺、宽 2 英尺的土地上翻土除草,以便种植的新生幼苗不受其他植物的排挤。青草出苗后,我在所有的幼苗上做了记号。结果在 357 株草中,至少有 295 株受伤害,主要是被蛞蝓和昆虫所毁坏的。如果让各种植物在经常刈割或经常放牧的草地上任意生长,结果较弱的植物,即使已经长成,也会逐渐被生长力较强的植物排挤而死亡。例如,在一块割过的长 4 英尺、宽 3 英尺的草地上,有自然长出的 20 种杂草,结果有 9 种因受其他繁盛植物的排挤而死亡。

食物的多少对每一物种的增加所能达到的极限,理所当然地起着控制作用。但是,一个物种个体的平均数目,往往不是取决于食物的获得情况,而是取决于被其他动物捕食的情况。所以毫无疑问,在任何大块田园里,鹧鸪(Partridges)、松鸡(Grouse)和野兔的数量,主要取决于消灭其天敌的程度。假如在英国,今后 20 年内没有一只供狩猎的动物被人类射杀,而同时也不驱除它们的天敌,那么 20 年后,猎物的数量说不定比现在的还少,即使现在每年有数十万只猎物被人类射杀。但与此反,还有另一种情况,例如,大象很少受到猛兽的残杀,即便是印度的老虎,也很少敢于攻击母象保护下的小象。

气候在决定物种个体总数方面起着重要的作用;那些周期性的、极为寒冷和干旱的季节,似乎最能有效地控制生物个体数量的增加。在春季,鸟巢的数量大量减少,根据这种情况,我估计在1854—1855年冬季,在我居住的这一地区,死亡的鸟类达$\frac{4}{5}$。与人类相比,这是一种巨大的死亡,因为人类在遇到最严重的传染病时,死亡率也只有$\frac{1}{10}$。气候的主要影响是使食物减少,某种食物的缺少会使赖以生存的同种或异种个体间的生存斗争加剧。即便在气候直接起作用时,如严寒到来时,首当其冲的仍是那些最弱小的或在整个冬季里获食最少的个体。当我们从南到北,或从湿地往干燥的地方旅行时,会看到有些物种逐渐减少以至趋于绝迹。由于整个旅程中气候的变化非常明显,我们常误以为,物种个体减少是气候直接影响的结果。但这是一种错误的观点,因为我们不应忘记,就是在某种生物非常繁盛的地方,在某些时期,这种生物也会因敌害或因争夺同一地盘与食物而遭受重挫,如果这些敌害或竞争者,因气候对它们稍稍有利而增加了数量,那么原来大量生存在此地的其他生物的数量就会减少。如果我们向南旅行看到的是某一物种个体数量逐渐减少,那么可以确信,那是因为别的物种处于优势而使此物种受到损害。向北旅行时也同样会看到生物数量减少的现象,但不如向南旅行时看到的情况明显,那是因为向北行进时,所有物种都在减少,竞争者也就随之减少。所以向北走或是爬上高山时,比向南走或者下山时,更常见到矮小的生物,这才是有害气候直接造成的后果。在北极地区、雪山之巅或荒漠之中,生存斗争的对象几乎完全是自然环境了。

许多移植在花园里的植物可以忍受当地的气候,可是它们却永远不能在此安身立命,因为它们竞争不过当地的植物,也不能抵御当地动物的侵害。由此可见,气候主要是间接地有利于其他物种,而引起对这种物种不利的后果。

如果某一物种特别适应某个环境,可能在一小块地区内大量繁殖,但这又往往引起传染病流行,至少在狩猎动物中常能发现这种情况。这是一种与生存斗争无关的对生物数量限制的因素。有些传染病是由寄生虫引起的,可能是动物的密集造成了有利于寄生虫传播的条件。这样,寄生虫与寄主之间也存在着生存竞争。

但就另一方面说,在许多情况下,一物种个体的数量必须大大超过它们被敌害毁灭的数量,它才能得以保存。人们能够从田间收获谷物及油菜籽等,那是因为这些种子在数量上远远超过了前来觅食的鸟儿。在这食物过剩的季节里,鸟类却不能按食物的比例而大大地增加,因为到了冬天,它们的数量仍要受到限制。谁要是在花园里试种过少数几株小麦或此类植物,谁就知道,在这种少量种植的情况下,要想收获种子是多么不容易。我曾尝试过,结果颗粒无收。同种生物只有保持大量的个体,才能使该物种得以保存,这个观点可以用来解释自然界的某些奇怪现象。例如,某些稀少的植物在它们可以生存的少数地区却能异常繁盛;又如,丛生的植物在它们分布的边界地区也仍然保持丛生。于是我们有理由相信,只有当生存条件有利于一种植物成群地生长在一起时,这种植物才能免于灭绝。还应补充说明的是,杂交的积极效果和近亲交配的不良影响,无疑在许多情况下起作用,不过在这里,我不打算详谈这几方面的情况了。

生存斗争中动植物间的复杂关系

许多报道的事例都可证明,同一地区内互相斗争的生物间,存在着十分复杂和出乎预料的抑制作用和相互关系。

仅举一个简单但我觉得极为有趣的例子:在斯塔福德(Staffordshire)郡我亲戚的一片土地上,我曾做过仔细的调查,那里有一大片从未开垦过的荒地,还有数百英亩性质完全相同的土地,在 25 年以前曾围起来种植欧洲赤松(Scoth fir)。在种植过的这片土地上,原来的土著植物群发生了极大的变化,就是在两块土质不同的土地上也看不到这么大的差别。和荒地比起来,这里植物的比例完全改变了,而且这里还繁茂地生长着 12 种荒地上没有的植物(不计草类)。植树区内昆虫受到的影响可能更大,有 6 种在人造林带中常见的食虫鸟类在荒地上没有,而经常光顾荒地的两三种食虫鸟,在人造林中也没有见到。当初把种植区围起来是为了防止牛进去,此外并无其他任何措施,可见引进一种树竟产生了这么巨大的影响。

但是在萨利(Surrey)的法汉姆(Farnham),我也曾清清楚楚地看到对荒地进行人工圈围作用的重要影响。

在那片宽广的荒地上,原先只有远处小山顶上有几片老欧洲赤松林。在最近十年内,有人把这里大块大块的荒地围起来,结果使在围地中的欧洲赤松自行繁殖,无数的小松树长出来。在确信这些小树并非人工种植时,我对这些小松树的数量之多感到惊奇。于是我又观察了几处地方,发现在上百英亩未圈围的荒地上,除了以前种的老松树外简直找不到一株新生的欧洲赤松。但是当我仔细观察荒地上的树干时,发现无数的杉树苗和幼树都被牛吃掉而长不起来。在距一片老松树数百码远的地方,我从一平方码的地面上数出了 32 株小松树。其中一株有 26 圈年轮了,但是多年来它始终不能把树干长得比荒地上的其他树木高。怪不得荒地一旦围起来,立刻就会长满生机勃勃的小松树呢。可是谁能想到,在这荒芜辽阔的地面上,牛会如此仔细而有效地搜寻松树树苗当作自己的食物呢。

在这个例子中,我们看到牛完全控制着欧洲赤松的生存。然而在世界的某些地方,昆虫又决定着牛的生存,在这一方面,巴拉圭(Paraquay)的例子是最稀奇的了。该地从未有牛、马、狗变成野生的情况,虽然该地区的北面和南面,都有这些动物在野生状态下成群地游荡着。阿萨拉(Azara)和伦格(Rengger)曾指出,在巴拉圭有一种蝇，数量极多，而且专把卵产在刚初生动物的肚脐中。这种蝇虽多，但它们的繁殖似乎受到某种限制，可能是别的寄生昆虫吧。因此，在巴拉圭，如果某种食虫鸟减少了，这些寄生昆虫就会增加，在脐中产卵的蝇就会减少，那么牛和马就会变成野生的，而这肯定又会极大地改变植物界。（在南美的部分地区我确曾见过此类现象。）接下去植物的变化又会影响昆虫；而后，正如我们在斯塔福德郡看到的那样，受影响的将是食虫鸟类。以此类推，复杂关系影响的范围就越来越广了。

其实自然状态下动植物间的关系远比这复杂。一场又一场的生存之战此起彼伏，胜负交替，一点细微的差异就足以使一种生物战胜另一种生物。但是最终各方面的势力会如此协调地达到平衡，以至于自然界在很长时间内会保持一致的面貌。可是对于这一切，人们往往知之甚少，而又喜好进行过度的推测。所以在听到某一种生物灭绝时，不免感到惊奇，在不知灭绝的原因时，便用灾变来解释世界上生命的毁灭，或者编造出一些法则来测定生物寿命的长短。

自然选择即适者生存

上一章[①]中简要讨论过的生存斗争,到底对物种的变异有什么影响呢?在人类手中产生巨大作用的选择原理,能适用于自然界吗?回答是肯定的。我们将会看到,在自然状态下,选择的原理能够极其有效地发挥作用。我们必须记住,在自然状态下的生物也会产生如家养生物那样无数的微小变异和个体差异,只是程度稍小些而已。此外,还应记住的是遗传倾向的力量。在家养状况下,整个身体构造都具有了某种程度的可塑性。但是,正如胡克和阿萨·格雷所说,在家养生物中,我们普遍看到的变异,并不是由人类作用直接产生出来的;人类既不能创造变异,也不能阻止变异发生,人类只是保存和积累已发生的变异。当人类无意识地把生物置于新的、变化着的生活条件中时,变异就产生了;但类似的生活条件的变化,在自然状态下确实也可能发生。我们

① 指原书第3章。——编辑注

还应记住,一切生物彼此之间及生物与其自然生活条件之间有着多么复杂密切的关系;因而,那些构造上无穷尽的变异,对于每一生物,在变动的环境下生存,可能是很有用处的。既然家养生物肯定发生了对人类有益的变异,难道在广泛复杂的生存斗争中,对每一个生物本身有益的变异,在许多世代相传的历程中就不会发生吗?由于繁殖出来的个体比能够生存下来的个体要多得多,我们可以毫不怀疑地说,如果上述情况的确发生过,那么具有任何优势的个体,无论其优势多么微小,都将比其他个体有更多的生存和繁殖的机会。

另一方面,我们也确信,任何轻微的有害变异,最终都必然招致灭绝。我把这种有利于生物个体的差异或变异的保存,以及有害变异的毁灭,称为“自然选择”或“适者生存”。无用也无害的变异,则不受自然选择作用的影响,它们或者成为不固定的性状,如某些多型物种所表现出来的性质一样,或者根据生物本身和外界生存环境的情况,最终成为生物固定的性状。

对于使用“自然选择”这个术语,有的人误解,有的人反对,有的人甚至想象自然选择会引起变异。其实自然选择的作用,仅在于保存已经发生的对生活在某种条件下的生物有利的变异。没有人反对农学家们所说的人工选择的巨大效果。但即便是人工选择,也必须先有自然形成的个体差异,人类才能够依照某种目的加以选择。还有人反对说,“选择”一词含有被改变动物自身的有意识选择之义,既然植物没有意志作用,“自然选择”对它们是不适用的!从字面上看,“自然选择”肯定是不确切的用语;但是谁能反对化学家在描述元素化合时用“选择的亲和力”这一术语呢?虽然某种酸并不是特意选择某一种盐基去化合的。有人说我把自然选择说成是一种动力或神力;可是有谁反对过某学者的万有引力控制行星运动的说法呢?人们都知道这些比喻所包含的意义,为了简单明了起见,这种名词也是必要的。此外,要想避免“自然”一词的拟人化用法也是很难的,但是我所指的“自然”,是指许多自然法则的综合作用及其后果,而法则指的是我们所能证实的各种事物的因果关系。只要稍微了解一下我的论点,就不会再有人坚持如此肤浅的反对意见了。

为使我们完全明白自然选择的大概过程,最好研究一下某个地区,在自然条件轻微变化下发生的事情。例如:在气候变化的时候,当地各种生物的比例数几乎立刻也会发生变化,有些物种很可能会灭绝。我们知道,任何一个地区的生物,都是由密切复杂的相互关系连接在一起的,即使不因气候的变化,仅仅是某些生物比例数的变化,就会严重影响到其他生物。如果一个地区的边界是开放的,新的生物类型必然要迁入,这就会严重扰乱原有生物间的关系。我们曾指出,从外地引进一种树或一种哺乳动物会引起多么大的影响。如果是在一个岛上,或是在一部分边界被障碍物环绕的地方,新的善于适应环境的生物不能自由地进入这里,原有自然生态中出现空隙,必然会被当地善于发生变异的种类所充填。而这些位置,在迁入方便的情况下早就被外来生物侵占了。在此种情况下,凡是有利于生物个体的任何微小变异,都能使此个体更好地去适应改变了的生活条件,这些变异就可能被保存下来,而自然选择就有充分的机会去进行改良生物的工作了。

正如第1章[①]所指出的,我们有足够的理由相信,自然条件的变化可能使变异性增加。外界环境条件发生变化时,有益变异的机会便会增加,这对于自然选择显然是有利的。如果没有有益变异的产生,自然选择也就无所作为。

说到"变异",不应忘记的是,变异中也包括个体差

---

① 指原书第1章。——编辑注

异。既然人类能在一定方向上积累个体差异,而且在家养的动植物中效果显著,那么,自然选择也能够而且更容易做到这一点,因为它可以在比人工选择长久得多的时间内发挥作用。我认为不必通过巨大的自然变化,如气候的变化,或通过高度隔绝限制生物迁移,便可使自然生态系统中出现某些空白位置,以使自然选择去改进某些生物性状,使它们填补进去。因为每一地区的各种生物是以极微妙的均衡力量在进行竞争,当一种生物的构造或习性发生微小变化时,就会具有超过其他生物的优势,只要此种生物继续生活在同样的环境条件下,以同样的生存和防御方式获得利益,则同样的变异将继续发展,此物种的优势就会越来越大。可以说没有一个地方,那里的生物与生物之间,生物与其生活的自然地理条件之间,已达到了完美的适应程度,以至于任何生物都不需要继续变异以适应得更好一些了。因为在许多地区,都可以看到外地迁入的生物迅速战胜土著生物,从而在当地获得立足之地的事实。根据外来生物在各地仅能征服某些种类的土著生物的事实,我们可以断定,土著生物也曾产生过有利的变异以抵抗入侵者。

人类通过有计划的或无意识的选择方法,能够取得并确实已经取得极大的成果,那么自然选择为什么就不能产生如此效力呢？人类仅就生物外部的和可见的性状加以选择，而“自然”(请允许我把“自然保存”或“适者生存”拟人化)并不关心外表，除非是对生物有用的外表。“自然”可以作用到每一内部器官、每一点在体质上的细微差异及整个生命机制。人类仅为自己的利益去选择，而“自然”却是为保护生物的利益去选择。从选择的事实可以看出，每一个被选择的性状，都充分受到“自然”的陶冶；而人类把许多不同气候的产物，畜养于同一地区，很少用特殊、合适的方式去增强每一选择出来的性状。人类用同样的食料饲养长喙鸽和短喙鸽；也不用特殊的方法，去训练长背的或长脚的哺乳动物；人类把长毛羊和短毛羊畜养在同一种气候下；也不让最强壮的雄性动物通过争斗获得雌性配偶。人类也不严格地把所有劣等动物淘汰掉，反而在各个不同的季节里，利用人类的能力不分良莠地保护一切生物。人类往往根据半畸形的生物，或至少根据能引起他注意的显著变异，或根据对他非常有用的某些性状去进行选择。

在自然状态下，任何生物在构造上和体质上的微小差异，都能改变生存斗争中的微妙平衡关系，并把差异保存下来。与自然选择在整个地质时期内的成果比较起来，人类的愿望与努力，只是瞬息间的事，人类的生涯是多么短暂，所获得的成果也是多么贫乏！“自然”产物的性状，比人工产物的性状更加“实用”，它们能更好地适应极其复杂的生活条件，能更明显地表现出选择优良性状的高超技巧，对此，难道我们还会感到惊奇吗？

打个比喻说吧，在世界范围内，自然选择每日每时都在对变异进行检查，去掉差的，保存、积累好的。不论何时何地，只要一有机会，它就默默地不知不觉地工作，去改进各种生物与有机的和无机的生活条件的关系。除非标志出时代的变迁，岁月的流逝，否则人们很难看出这种缓慢的变化，而人们对于远古的地质时代知之甚少，所以我们现在所看到的，只是现在的生物与以前的生物不同而已。

要形成一个物种就要获得大量的变异，因此在这个变种一旦形成之后，可能经过一个长时期，再经历一次变异，或是出现与以前相同的有利个体的差异，而这些差异必须再次被保存下来，这样一步一步地发展下去才行。由于相同的个体差异时常出现，我们便不能认为，上述设想是毫无根据的假设。但它是否正确，还要看它能否符合并合理解释自然界的普遍现象来进行判断。另一方面，通常有人认为可能发生的变异量是十分有限的，这也纯粹是一种设想。

虽然,自然选择只能通过给各种生物谋取自身利益的方式而发挥作用,因此我们看到,即便是我们认为不重要的性状和构造,自然选择的结果,对生物来说也很重要。当我们看到食叶的昆虫呈绿色,食树皮的昆虫呈灰斑色;在冬季,高山上的松鸡呈白色,而红松鸡的颜色呈石南花色时,我们一定会相信,这些颜色是为了保护这些鸟与昆虫,使其免遭危害。松鸡如果不在生命的某个时期死亡,它们的数量就会无限量地增加,人们知道,大多数松鸡是受以肉为食的鸟类的捕食而死亡的。鹰是靠视力来捕捉猎物的。鹰的视力极强,以至于欧洲大陆某些地区的人们被告诫不要养白鸽,因为白鸽最易受害。所以自然选择就有效地给予每一种松鸡以适当的颜色,而这些颜色一旦获得就被持续不变地保存下来。不要以为偶然杀害一只颜色特别的动物不会产生什么影响,要记住,在白色羊群中除去一只略显黑色的羔羊是何等重要。前面已经谈到,在弗吉尼亚,有一种吃绒血草的猪,吃了以后是死是活,全由猪的颜色来决定。

就拿植物来说,植物学家认为果实的茸毛和果肉的颜色是极不重要的,但优秀的园艺学家唐宁(Downing)说,在美国无毛的果实比有毛的果实更容易受象鼻虫(Curculio)的危害,紫色的李子比黄色李子更容易染上某种疾病,黄色果肉的桃子比其他颜色果肉的桃子更容易受一种疾病的侵害。如果通过人工选择的种植方法来培育这几个变种,小的变异就会形成大的变异;但在自然状态下,这些树木得与其他树木及大量敌害做斗争,那么各种差异将有效地决定哪一个变种能够获胜,是果实有毛的还是无毛的,是黄色果肉的还是紫色果肉的。

就我们有限的知识来判断,物种间有些微小差异似乎并不重要,但不要忘记,气候、食物等等因素无疑要对这些小小差异产生直接影响。还应注意的是,根据器官相关法则,一个部分发生变异而且变异被自然选择进行积累时,其他想象不到的变异将随之产生。

正如我们所看到的,在家养状态下,在生命某一时期出现的变异可能在其后代的同一时期出现,例如,许多食用和农用种子的形状、大小及味道,蚕在幼虫期和蛹期的变种,鸡卵和雏鸡绒毛的颜色及牛羊在成熟期前生出的角。同样地,在自然状态下,通过积累某一阶段的有益变异和在相应阶段的遗传,自然选择也能在任何阶段对生物进行作用并使之改变。如果植物的种子被风吹送得越远,对它就越有利,自然选择定会对此发生作用,而且这并不比棉农用选择法来增加棉桃或改进棉绒更困难。自然选择能使昆虫的幼虫变异以适应可能发生的事故,而这些事故,与成虫期所遇到的截然不同。通过相关的法则,幼虫期的这些变异反过来会影响到成虫的构造,成虫期的变异也反过来会影响幼虫的构造。不过在所有情况下,自然选择都将保证这些变异是无害的,否则这个物种就会灭绝了。

自然选择可以根据亲体使子体的构造发生变异,也能根据子体使亲体的构造发生变异。在群居的动物中,如果选择出来的变异有利于群体,自然选择就会为了整体的利益改变个体的构造。自然选择不可能在改变一个物种的构造时不是为了对这一物种有利而是为了对另一物种有利。虽然在博物志著作中有对此种作用的记载,但是我们没有见到一个能经得起检验的实例。自然选择可以使动物一生中仅用一次的重要构造发生极大变化,例如:某些昆虫专门用于破茧的大颚或雏鸟破卵壳用的坚硬的喙尖。有人说,优良的短喙翻飞鸽死在蛋壳里的数量比能破壳孵出的多,所以养鸽者必须帮助它们孵出。假如为了这种鸽自身的利益,自然选择使这种成年鸽具有极短的喙,必定是一个非常缓慢的变异过程。而在这个严格选择的过程中,那些在蛋壳内具有强有力喙嘴的雏鸟将被选择出来,因为弱喙的雏鸟必然死在蛋壳内,或者蛋壳较脆弱易破碎的,也可能被选择出来,因为和其他构造一样,蛋壳也是能够变异的。

可以说,一切生物都会遭受意外死亡,但这并不会影响或极少影响自然选择的进行。例如:每年大量的种子和卵会被吃掉,如果它们发生了某种可免遭敌害吞食的变异,通过自然选择它们就会改变这种情况。如果不被吞食,由这些卵和种子长成的个体,可能比偶然存活下来的个体更能适应其生活条件。同样,无论能否适应生活条件,大量成年的动植物每年也会因偶然原因死亡,而这种死亡并不因它们在其他方面可能具有对生物有利的构造和体质而有所减少。但是,不论遭受多么大的毁灭,只要一个地区的动物没有完全被消除,只要卵和种子有百分之一或千分之一能够生长发育,在这些幸存者中最能适应生活环境的个体,就会通过有利的变异,比那些适应较差的个体繁殖出更多的后代。如果一种生物因上述原因被全部灭绝(事实上常有此等情况发生),那么,自然选择就不能再在有利于生物的方向上起作用了。但不会因为这一点而使我们怀疑,自然选择在其他时期、以其他方式产生的效果,因为没有任何理由,可以设想许多物种,是在同一时间、同一地点发生变异的。

性 选 择

在家养状态下,有些特征往往只见于一种性别,并只通过这种性别遗传;在自然状态下无疑也有这种情况。因此,通过自然选择作用,有时雌雄两性个体在不同生活习性方面都能发生变异,或者更常见的是某一性别对另一性别的关系发生变异。这促使我必须谈一下所谓"性选择"的问题。性选择的形式,并不是一种生物为了生存而与其他生物,或与外界自然条件进行的斗争,而是在同一物种的同一性别的个体间,一般是雄性之间,为了获得雌性配偶而发生的斗争。这种斗争的结果,不是让失败的一方死掉,而是让失败的一方不留或少留下后代,所以性选择不如自然选择那样激烈。一般来说,最强壮的雄性,是自然界中最适应的个体,它们留下的后代也最多。但往往胜利并不全靠体格的强壮,而是靠雄性特有的武器。如无角雄鹿和无距(spur)[①]公鸡就难留下很多后代。由于性选择可以使获胜者得到更多繁殖的机会,所以和残忍的斗鸡者挑选善斗的公鸡一样,性选择可以赋予公鸡不屈不挠斗争的勇气、增加距

① 雄鸡爪后面像脚趾似的突出部分。——译者注

的长度和在争斗时拍击翅膀以加强距的攻击力量。我不知道在动物的分类中,哪一类动物没有性选择的作用。有人曾描述说,雄性鳄鱼(Alligator)在争取雌性时会像美洲印第安人跳战斗舞蹈那样吼叫并旋绕转身;雄鲑鱼(Salmon)整天彼此争斗;雄性锹形虫(Stag-beetle)的大颚常被其他雄虫咬伤。

非凡的观察家法布尔(M. Fabre)曾多次见到一种膜翅目昆虫(Hymenopterous insect)为了争夺雌虫而发生争斗,雌虫似乎漠不关心地观战,最后随着胜利者而去。这种争斗,可能在"多妻"的雄性动物中最为激烈,而这种雄性常有特殊的武器。食肉动物原来就已具备良好的战斗武器,性选择又使它们和别的动物一样,又具备了更特殊的防御手段,例如雄狮的鬃毛,雄鲑鱼的钩形上颚,等等。要知道,为了在战斗中取胜,盾的作用和矛、剑是同等重要的。

就鸟类来说,这类争斗要平和得多。研究过这一问题的人都相信,许多鸟类的雄性间最激烈的斗争,是用歌唱去吸引雌鸟。圭亚那(Guiana)的岩鸫(Rook-thrush)、极乐鸟(Birds of paradise)及其他鸟类常常聚集在一处,雄鸟一个个精心地以最殷勤的态度显示它们艳丽的羽毛,在雌鸟面前做出种种奇特的姿态,而雌鸟在一旁观赏,最后选择最有吸引力的雄鸟做配偶。仔细观察过笼养鸟的人,都知道鸟有各自的爱憎。赫龙爵士(Sir R. Heron)曾描述他养的斑纹孔雀是如何极为成功地吸引了所有的雌孔雀。这里虽不能叙述详情,但是可以说人类能在很短时间内按自己的审美标准,使矮脚鸡具有美丽、优雅的姿态。毫无疑问,在数千代的相传中,雌鸟一定会根据它们的审美标准,选择出声调最动听、羽毛最美丽的雄鸟,并产生了显著的性选择效果。

在生命不同时期出现的变异,会在相应时期单独出现在雌性后代或者雌雄两性后代身上,性选择会对这些变异起作用;用这种性选择的作用,可以在一定程度上解释雄鸟和雌鸟的羽毛为何不同于雏鸟羽毛的著名法则,在此就不详细讨论这个问题了。

因此任何动物的雌雄两性个体,如果它们的生活习性相同而构造、颜色或装饰不同,可以说这些差异主要是由性选择造成的,即:在世代遗传中,雄性个体把稍优于其他雄性的攻击武器,防御手段或漂亮雄壮的外形等特点,遗传给它们的雄性后代。不过,我们不应该把所有性别间的差异,都归因于性选择,因为在家养动物中,有些雄性专有的特征并不能通过人工选择而扩大。野生雄火鸡(Turkey-cock)胸间的丛毛,其实并无用处,而在雌火鸡眼里,也很难说这是一种装饰;说实在的,如果这丛毛出现在家养动物身上,就会被视为畸形。

自然选择,即适者生存作用的实例

让我设想一两个例子,来说明自然选择是如何起作用的吧。以狼为例,在捕食各种动物时,狼有时用技巧,有时用力量,有时则用速度。假设一个地区由于某种变化,狼所捕食的动物中,跑得最快的鹿数量增加或其他动物数量减少,这是狼捕食最困难的时期。在这种情况下,当然只有跑动最敏捷、体型最灵巧的狼才能获得充分的生存机会,从而被选择和保存下来,当然它们还必须在各个时期总能保存足够的力量去征服和捕食其他动物。人类为了保存最优良的个体(并非为了改变品种),在进行仔细有计划的或无意识的选择时,能提高长嘴猎狗(灵猩(dī))的敏捷性。毫无疑问,自然选择也会产生如此效果。顺便提一下,根据皮尔斯先生(Mr. Pierce)所说,在美国的卡茨基尔山脉(Catskil Mountains)栖息着两种狼的变种:一种形状略似长嘴猎狗,逐鹿为食,另一种则躯干较粗而腿较短,常常袭击牧人的羊群。

请注意,在上述例子中,我说的是那些体型最灵巧的狼能被保存下来,并不是说任何单个的显著变异都被保存下来。在本书的前几版中,有时我曾说过单个显著变异的保存是常常发生的。因为过去我认为个体差异非常重要,并因此详细谈论人类无意识选择的结果,这种选择是靠保存一切或多或少有价值的个体及除去不良个体而进行的。以前我也曾观察到,在自然状态下,任何偶然发生的构造差异,都是很难被保存下来的。比如一个大而丑的畸形,即便在最初阶段被保存下来,而其后由于持续地与正常个体杂交,其特性一般都会消失。但是,直到我读了刊登在《北英评论》(*North British Review*, 1867)上的一篇很有价值、很有说服力的文章后,我才明白了单独的变异,不论是细微的还是显著的,都难以长久保存下去。这位作者以一对动物为例,说明虽然这对动物一生可产 200 个仔,但由于种种原因造成的死亡,平均仅有两个仔可以存活下来并繁殖后代。对于大多数高等动物来说,这是一种极端情况的估计,但对于许多低等动物来说,情况绝非如此。此作者指出,如果一个新出生的幼体因某方面的变异可获得优于其他个体两倍的存活机会,但因死亡率太高,其结果存活下去仍会困难重重。该文章指出,假设它能生存并繁殖,并且有半数的后代遗传了这种有利变异,其后代也只是具有稍强一点的生存和繁殖的机会,而这种机会在以后历代还会减少下去。

我想这些论点无疑是正确的。如果一种鸟因长有弯钩的喙而容易获得食物,假使这种鸟里有一只生来就有极为弯钩的喙,并因此免于毁灭而繁殖。尽管这样,这只鸟要排除普通类型而永久独自繁殖下去的机会还是很少的。根据在家养动物中所观察到的情况,[①]可以肯定地说,如果把大量的、多少有点弯钩喙的个体一代又一代地保存下来,把直喙的个体大量地除去,必然能达此目的。

不应忽视的是,由于相似的组织结构受到类似的作用,使一些显著的变异会屡次出现,这些变异不应仅仅被视为个体差异,从家养生物中可以找到很多此类证据。在这种情况下,即使变异的个体,起初没有把新获得的性状传给后代,只要生存条件保持不变,无疑它将会把同样方式的更强变异遗传给后代。毫无疑问,这种依同样方式变异的倾向,往往非常强烈,可使同一物种的所有个体,可以不经任何选择作用便产生相似的变

① 详情可参阅达尔文另一部著作:《动物和植物在家养下的变异》。——编辑注

异;或者是一个物种的$\frac{1}{3}$、$\frac{1}{5}$或$\frac{1}{10}$的个体受到这样的影响。关于这种情况,可以举出若干实例。例如,格拉巴(Graba)估计在法罗群岛(Faroe Islands)约有$\frac{1}{5}$的海鸠(Quillemot)属于一个显著的变种,这个变种以前被列为一个独立的物种而被称为 Uria lacrymans。在这种情况下,如果变异是有利的,根据适者生存的原理,原有的类型很快就会被变异了的新类型所取代。

通过性状趋异和灭绝,自然选择对共同祖先的后裔可发挥作用

通过以上简要的讨论,我们可以认为,某一物种的后代越变异,就越能成功地生存,因为它们在构造上越分异,就越能侵入其他生物所占据的位置。现在让我们看一看,这种从性状分异中获利的原理,与自然选择原理及灭绝原理,是如何结合起来发挥作用的。

下面的图,[①]可以帮助我们理解这个复杂的问题。图中从 A 到 L 代表某地一个大属的各个物种,它们彼此之间

① 此图即是本书阅读指导中提及的,达尔文在《物种起源》一书中唯一的一幅图。——编辑注

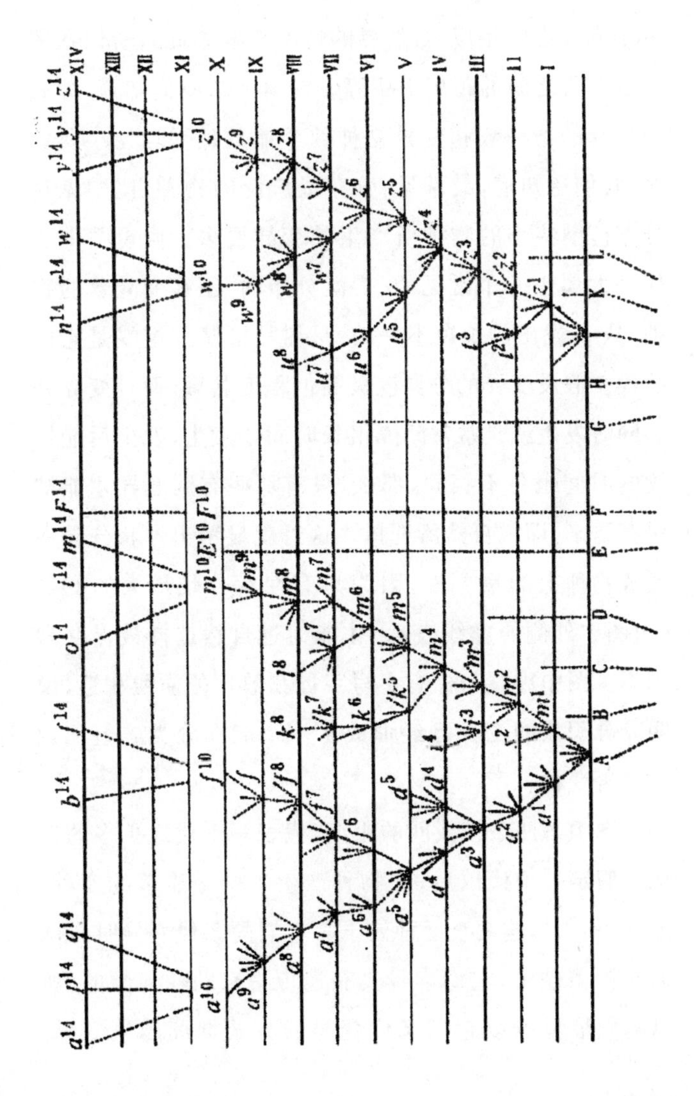
A
B
C
D
E
F
G
H
I
K
L
I
II
III
IV
V
VI
VII
VIII
IX
X
XI
XII
XIII
XIV
a^{14}
p^{14}
q^{14}
b^{14}
f^{14}
o^{14}
i^{14}
m^{14}
F^{14}
n^{14}
r^{14}
w^{14}
y^{14}
v^{14}
z^{14}
a^{10}
f^{10}
m^{10}
E^{10}
F^{10}
w^{10}
z^{10}

有不同程度的相似(自然界的情况普遍如此),所以在图中各字母之间的距离不相等。在第2章我们知道,大属中变异的物种数和变异物种的个体数量平均比小属要多;我们还知道,最常见、分布最广泛的物种,比罕见且分布范围狭小的物种所产生的变异要多。假设图中A代表大属中一个常见的、广泛分布的、正在变异着的物种,从A发出的长短不一的、呈树枝形状的虚线是它的后代。假设变异的分异度极高但程度甚微,而且变异并非同时发生或是常常间隔很长时间才发生,发生后能持续的时间也各不相同,那么,只有那些有利变异才能被保存下来,即被自然所选择。这时就显示出性状分异在形成物种上的重要性,因为只有性状分歧最大的变异(由图中外侧的虚线表示)才能通过自然选择被保存和积累。图中虚线与标有小写字母和数字的横线相遇,说明充分积累的变异已经形成了一个能在分类志上记载的显著变种。

图中每两条横线间的距离,代表一千代或更多的世代。假定一千代以后,A物种产生了两个显著的变种,即a^1和m^1,这两个变种处于与它们的亲代变异时相同的生活条件中,它们本身具有遗传得来的变异倾向,所以它们很可能以它们亲代变异的方式继续产生变异。

此外,这两个稍微变异的变种,还继承了它们亲代的和亲代所在属的优点,那些优点,曾使它们的亲代A具有更多的个体,曾使它们所在的属成为大属,所有这些条件无疑都是有利于产生新变种的。

如果这两个变种继续发生变异,最显著的性状变异将在下一个千代中被保存。这段时间过后,假定由图中的 a^1 产生出 a^2,由趋异原理可知,a^2 与A的差异一定大于 a^1 与A的差异。设想 m^1 产生了两个变种：m^2 和 s^2,它们彼此不同,与它们的共同祖先A更不同。按照同样的步骤,这个过程可以无限地延续下去。每经过一千代,有的变种仅产生一个变种,随着自然条件的变化,有的可产生2～3个变种,有的也许不能产生变种。这样,由共同祖先A所产生的变种,即改变了的后代的种类数目不断增加,性状会不断变异。从图中可看到,这个过程仅列到第一万代,再往后则用虚线简略表示直到一万四千代。

但是我必须指出,变异过程并非如图所示这样规则地(图表本身已能反映一些不规则)或连续地进行,而很可能一个变种长时间内保持不变,而后又发生变化。我也不能断言,最分异的变种必然会被保存下来。有时中间类型也能持续很长时间,并能产生多种后代,因为自然选择是按照自然体系中未占据或占据不完全位置的性质来发挥作用的,而且也是与许多复杂的因素相互关联的。不过按照一般规律,任何物种的后代性状越分异,它们所能占据的位置越多,所拥有的变异后代也就越多。在我们的图中,连续的系统每隔一定距离,就规则地被一个小写字母所中断,那是表示此类型已经发生了充分变异,可以标记为一个变种。但这种间断完全是想象的,实际上只要间隔的时间长度足以使变异大量地积累起来,这种表示变种形成的间断,是可以出现在任何位置上的。

大属内广泛分布的常见物种所产生的变异后代,大都从亲代那里继承了相同的优势,这种优势使它们的亲代成功地生存,一般也会使这些后代继续增加个体数量和性状变异的程度。图中从 A 延伸出来的数条分支虚线就表示了这一情况。图中几条位置较低没有达到上端线的分支虚线,表示早期的改进较小的后代,它们已被较晚产生的、图上位置较高的、更为改进的后代所取代并灭绝。在某些情况下,变异仅限于一条支线,这样,虽然分支变异的量在不断扩大,而变异后代的个体数量却没有增加。如果把图中 a^1 至 a^{10} 的支线留下,而去掉其他由 A 发出的各条虚线,这种情况就清楚地反映出来了。英国赛跑马和向导狗显然就属于这一情况，它们的性状慢慢地改进了，可是并没有增加新品种。

假定一万代后，由物种A产生出三个类型：a^{10}、F^{10}和m^{10}，由于历代性状的分异，它们之间以及它们与祖代之间的差异虽不相等，但一定非常之大。假定在图中每两条横线之间的变异量是极其微小的，这三个类型仅仅是三个显著的变种，假定在变异的过程中，步骤很多且变异量很大，这三个变种就会转为可疑物种，进而成为明确的物种。这样，此图就把区别变种的较小差异是如何上升为区别物种的较大差异的各个步骤，清楚地表示出来了。如果这一过程如图中简略部分所示，以同一方式继续进行下去的话，那么，更多世代后便可得到如图上所标出的a^{14}和m^{14}之间的几个物种，它们都是由A传衍下来的后代。我相信物种就是这样增加的，属也是这样形成的。

在大属内，可能发生变异的物种不止一个，假设图表上的物种Ⅰ以同样的步骤，在万代以后也产生了两个显著的变种，或根据图中横线所代表的变异量，产生了两个物种(w^{10}和z^{10})，而一万四千代以后，便可获得如图所示的由n^{14}到z^{14}的六个物种。某一属里具有极大差异的物种，可能产生的变异后代也会更多，因为它们有最好的机会去占据自然体系中新的不同位置。所以在图中,我选择了一个极端的物种 A 和另一个近乎极端的物种I,因为它们已经大量变异并已产生了新变种和新物种。而同属内的其他九个物种(图中用大写字母表示)也能在长度不等的时间内,继续繁育它们的无变化的后代。对此情况,在图中用向上的长度不等的虚线来表示。

此外,如图所示,在变异过程中还有另一个原理,即灭绝的原理也起着重要的作用。在充满生物的地方,自然选择的作用体现在被选取保留的类型,它们在生存斗争中具有超出其他类型的优势。任何物种的变异后代在繁衍发展的各个阶段都可能取代并排除它们的前辈或原始祖代。因为我们知道,在那些习性、体质和构造上彼此最近似的类型中,生存斗争最为激烈。因此介于早期和后期的中间类型,即处于改进较少和改进较多之间的类型,以及原始亲种本身,都可能逐渐趋向消亡。甚至生物系统中有些整个分支的所有物种,都会被后起的改进类型排除而至灭绝。不过,如果变异的后代迁入另一个区域并迅速适应了新的环境,则后代与祖代之间竞争消除,二者可各自生存下去。

假定图中表示的变异量相当大,则物种 A 和它的早期变种都会灭绝,代之而起的是 a^{14} 至 m^{14} 的八个新物种和 n^{14} 至 z^{14} 物种 I 的六个新物种。

变异的法则

环境改变的影响

我在前面提到，在家养状态下生物的变异十分常见，而且多种多样，而在自然状态下变异的程度却稍差些。我在阐述这些变异时，使人觉得它们好像是偶然发生的，显然这种理解是错误的。然而，我们又不得不承认，对各种变异所发生的具体原因我们的确毫无所知。有些学者认为，个体之间的差异或在形态构造上的微小变化，正如孩子与其父母之间的微小差别那样，是由于生殖系统的机能所致。然而，事实表明，家养状态下所出现的变异和畸形，要比自然状态下更加频繁，而且分布广的物种要比分布狭窄的物种更易变异。由此可以看出，变异性通常与每种生物历代所处的生活环境有关。在第1章里，我曾试图说明，环境的变化既可直接影响生物体的全部或部分，也可间接影响其生殖系统。在生物界中，存在着两种引起变异的因素，一种是生物体本身,一种是外界环境,两者之中以前者更为重要。环境变化的直接结果,可使生物产生定向或不定向变异。在不定变异中,生物体构型呈可塑状态,其变异性很不稳定。而在定向变异中,生物易于适应一定的环境,并且使所有个体或差不多所有个体,都以同样的方式发生变异。

环境变化因素,如气候、食物等,对生物变异作用的大小,是很难确定的。但我们有理由相信,随着时间的推移,我们会发现,环境的作用效应实际上比我们根据明显证明所观察到的效应要更大。另一方面,我们也可有把握地断言,在自然界中各类生物之间所表现出来的构造上无数复杂的相互适应,绝不能仅仅简单地归因于外界环境的作用。下面的几个例子表明,环境条件已产生了某种轻微的一定变异作用。福布斯(E. Forbes)认定,生长在南方浅水中贝类的色彩,均较生长在北方或深水中的同种个体色彩鲜艳,当然这也未必完全如此。古尔德相信同种鸟类,生长在陆地空旷大气中的,要比靠近海岸或海岛上的色彩更为鲜艳。而沃拉斯顿(W. H. Wollaston,1766—1828)确信近海岸的环境,对昆虫的颜色也有影响。穆根-唐顿(Moquin-Tandon)曾列举一大串植物以证明,生长在近海岸的植物,其叶片肉质肥厚,而生长在别处的则相反。这些现象之所以有趣,就在于它们的定向性,即生活在同样环境条件下的同一物种的不同个体,常常呈现出相似的特征。

如果变异对生物用处不大,我们就很难确定,这种变异有多少起因于自然选择的累积作用,有多少是由于生活环境的影响所致。同种动物越靠近北方,其毛皮就越厚。然而,我们很难搞清,造成这种毛皮差异的原因,到底是自然选择对皮毛温暖动物体的变异积累作用,还是严寒气候的影响。很显然,气候对家养四足兽类的毛皮质量会有直接影响。

许多例子可以表明,生活在不同环境下的物种,能产生相似的变种;也有些生活在相同环境下的物种,却产生了不相似的变种。此外,一些物种虽然在恶劣的气候条件下生存,但仍能保持纯种或根本不发生变异。这些事实使我意识到周围环境条件对变异的直接影响,比起那些我们尚不知晓的生物本身的变异趋势,其重要性要小些。

就某种意义而言,生活环境不仅能直接或间接地引起变异,而且也可对生物进行自然选择。因为生活环境能决定哪个变种得以生存。但是当人类是选择的执行者时,我们就可明显地看出上述两种变化因素的差别,即先有某种变异发生,尔后人类再按照自己的意愿将该变异朝着一定的方向积累。后一作用相当于自然状态下适者生存的作用。

用进废退与自然选择,飞翔器官与视觉器官

根据第1章所列举的许多事实,我毫不怀疑家养动物的某些器官因经常使用而会加强、增大,因不用而减缩、退化;并且这些改变可以遗传给后代。但在自然状态下,因为我们不知道祖先的体型,所以就没有用来比较长期连续使用或不使用器官的标准。然而,许多动物的构造是能以不常使用而退化作为最适当的解释的。正如欧文(R. Owen,1804—1892)教授所说,自然界中最异常的现象,莫如鸟之不能飞翔了。然而有几种鸟的确是这样。南美洲大头鸭的翅膀几乎与家养的爱尔斯柏利鸭(Aylesbury duck)一样,只能在水面上拍动它的翅膀。据克宁汉先生(Mr. Cunningham)所说,这种鸭在幼时会飞,长成后才失去飞翔能力。因为在地面觅食的大型鸟类,除逃避危险之外,很少用到翅膀。所以,现今或近代生长在海岛上的几种鸟类,翅膀都不发达,可能是岛上没有捕食的猛兽,因不用而退化了。鸵鸟是生活在

大陆上的,它不能靠飞翔来逃避危险,而是像许多四足兽类那样用蹄脚来有效地防御敌害。我们相信鸵鸟祖先的习性与鸨类相似,但随着鸵鸟的体积和体重在连续世代中增大,脚使用得多,翅膀则用得少,终于变得不能飞翔了。

克尔比(Kirby)说过,许多雄性食粪蜣螂的前足跗节常会断掉(我也观察到过同样的事实)。他就所采集的 17 块标本加以观察,所有的个体都不见其痕迹。有一种蜣螂(Onites apelles),因其前足跗节常常断掉,所以已被描述为不具跗节了。其他属的一些个体,虽有跗节,但发育不良。埃及人奉为神圣的甲虫蜣螂,其跗节也是发育不良的。目前还没有明确的证据证实肢体偶然残缺能否遗传。但我们也不能否认布朗西卡(Brown Sequard)所观察到的惊人例子:豚鼠手术后的特征能够遗传。因此,蜣螂前足跗节的完全缺失或在其他属中的发育不良,并不是肢体残缺所造成的遗传,而是由于长期不使用而退化的结果,这种解释也许最为恰当。因为许多食粪类的蜣螂,在生命的早期都失去了跗节,所以,这类昆虫的跗节应是一种不重要或不大使用的器官。

在某些情况下,我们往往把全部或主要由自然选择引起的构造变化,误认为是不使用的缘故。沃拉斯顿先生发现,栖居在马德拉群岛的550种甲虫(目前所知道的更多)中,有200种因无翅而不能飞翔。在本地特有的29个属中,至少有23个属也是如此。世界上许多地方的甲虫,常常会被风吹入海中葬身碧波。而沃拉斯顿所观察的马德拉甲虫,在海风肆虐时能够很好地隐蔽,直到风平浪静时才出来;在无遮蔽的德塞塔什(Desertas)岛,无翅的甲虫要比马德拉本土的甲虫多。此外,沃拉斯顿很重视某些必须飞翔的大群甲虫,在马德拉几乎未见踪影,而在其他地方却数量很多。上述几件事实使我坚信许多马德拉甲虫不能飞的原因,主要是由于自然选择的作用以及翅膀不使用造成的退化作用。翅膀退化丧失了飞翔能力,可以使甲虫避免被风吹入海中的危险;而那些喜爱飞翔的甲虫则相反。

在马德拉,还有些昆虫不在地面觅食,如取食花朵的鞘翅目和鳞翅目昆虫。它们必须使用翅膀。据沃拉斯顿推测,这些昆虫的翅膀非但没有退化,反而更加发达,这是自然选择的结果。当新昆虫来到海岛时,自然选择作用可使昆虫的翅膀退化或发达,而翅膀的发育程度能够决定该昆虫的后代是必须与风斗争,还是靠少飞或者不飞得以生存。

鼹鼠和若干其他穴居啮齿类动物的眼睛,都不发达,有些甚至完全被皮毛遮盖,这可能是不使用而逐渐退化的缘故,当然自然选择也参与了作用。南美洲有种穴居的啮齿类叫吐科(tuco-tuco),它的穴居习性较鼹鼠强。一个常常捕获此类动物的西班牙人告诉我,它们的眼睛常常是瞎的。我曾有过一头活着的这类动物,经解剖检查,得知它的眼瞎是因瞬膜发炎所致。眼睛时常发炎,对任何动物都是有害的。然而,在地下生活的动物,则不需要眼睛。因此,这类动物的眼睛因不用而变小,眼睑皮并合,其上生长丛毛,这样对它们更有利。如果是这样,自然选择则对不使用的器官发生了作用。

众所周知,生活在卡尼俄拉(Carniola)和肯塔基(Kentuky)洞内的几种动物,虽然分属几个不同的纲,但它们的眼睛都是瞎的。有些蟹类,它们虽然丧失了双眼,但眼柄却依然存在,就像望远镜的玻璃片已经消失但镜架还存在的情形。生活在黑暗中的动物,眼睛虽然无用,但不会有什么害处。因此,眼睛丧失的原因可以认为是不使用而退化的结果。西利曼教授(Prof. Silliman)在离洞口半英里的地方(并不是洞内的最深处),捕获两只盲目动物——洞鼠(Neotama),并发现它们两眼具有光泽,而且很大。他告诉我,若让该鼠在逐渐加强光线的环境中生活,大约一个月以后,它们便可朦胧地看见周围环境了。

很难想象,还有比相近气候下的石灰岩深洞中的生活更相似的了。根据旧观点,瞎眼动物是分别从欧美各山洞创造出来的,可以预料这些动物的构造和亲缘关系都应十分相近。若我们将两处洞穴内的动物进行比较,情况却并非如此。仅就昆虫而言,喜华德(Schiödte)曾经说过:“我们不能用纯粹的地方性观点来解释这所有现象,马摩斯洞和卡尼俄拉各洞虽有少数相似的动物,也只表明欧洲与北美动物区系之间存有一定的相似性而已。”依我看来,我们必须假定美洲动物都具有正常的视力,后因若干世代慢慢迁入肯塔基洞穴深处生活而改变了习性,正如欧洲动物迁入欧洲洞穴内生活一样。有关这种习性的渐变,我们也有若干的证据。如喜华德所说:“我们把在地下生活的动物,看作是受邻近地方地理限制的动物群的小分支。它们迁入地下在黑暗中生活,并逐渐适应了黑暗环境。然而,最先迁入地下生活的动物,与原动物群差别不大。它们首先要适应从亮处到暗处的环境转变,然后再适应微光,最后则完全适应黑暗环境,它们的构造也因此变得十分特殊。”我们应该理解喜华德这些话是针对不同种动物,并非同种动物。一种动物迁到地下最幽深的地方生活,经过若干世代,它的眼睛会或多或少地退化,而自然选择又常常引起其他构造的变化,来补偿失去的视觉器官,如触角或触须的增长,等等。尽管存在这些变化,但我们仍能看出美洲大陆动物与美洲穴居动物,欧洲大陆动物与欧洲穴居动物之间的亲缘关系。

据达那教授(Prof. Dana)所说,美洲某些穴居动物的情况也是如此。欧洲洞穴内的昆虫,有些与周围种类关系密切。如果依照它们是被上天独立创造出来的观点,我们就很难合理地解释两大洲上目盲的穴居动物与本洲其他动物之间的亲缘关系了。根据欧美两大洲上一般生物间的关系,我们还可以推测两大洲几种洞穴动物的关系是相当密切的。有一种目盲的埋葬虫,多数在离洞穴很远的阴暗岩石上生活。因此,该属内穴居种类视觉器官的消失,似乎与黑暗环境无关。因为它们的视觉器官已经退化,更容易适应于洞穴环境。据墨雷先生观察,目盲的盲步行属(*Anophthalmus*)也具有这种显著的特征。该属昆虫除穴居处,还未在他处发现过。现今在欧美两洲的洞穴里,有不同种类的动物,可能是这些动物的祖先在视觉丧失之前,曾广布于两大陆上。不过,现在多数都已灭绝,只留有隐居洞穴的种类。有些穴居动物是非常特别的,但并不足为奇,如阿加西斯

(Agassiz)说过的盲鱼及欧洲的爬行动物——盲目的盲螈(Proteus)[①]。我唯一感到惊奇的是古代生物的残骸保存的不多,也许是由于栖居在黑暗环境里的动物稀少,彼此竞争不激烈。

适应性变异

植物的习性是遗传的,如开花时间,休眠时期,种子发芽所需要的雨量,等等。我在这里要简略谈一谈适应性变异。对同属内不同种植物来说,有的生长在热带,有的则生长在寒带。如某一个属的所有物种,确是从一个亲本传衍下来的,那么适应性变异就必定会在长期的传衍过程中发生作用。众所周知,每一物种都能适应本土气候,但寒带或温带的物种则不能适应热带气候。相反,也是如此。同样,许多肉质植物也不能适应潮湿气候。我们可以从以下的事实看出,人们往往过高地估计一种生物对所在地气候的适应程度。如我们事先并不了解新引进的植物,能否适应这里的气候,以及从不同地区引进了的动植物,能否在这里健康成长。我们有理由相信,在自然状态下,物种间的生存斗争,严格地限制

① 现代生物学已将它划归两栖类。——译者注

了它们的地理分布,这种生存斗争与物种对特殊气候的适应性很相似,或前者的作用更大些。尽管生物对气候的适应程度很有限,但我们仍可证明一些植物能适应不同的气候环境,即适应性变异或气候驯化。

胡克博士曾从喜马拉雅山脉的不同高度,采集了同种松树和杜鹃花的种子,经在英国种植后,发现它们具有不同的抗寒能力。色魏兹先生(Mr. Thwaites)告诉我,他在锡兰岛也看到同样的事实。华生先生曾把亚速尔岛生长的欧洲植物带到英国进行观察,结果也类似。此外,我还可以举出一些例子。关于动物,我们也有若干事实证明:有些分布很广的类型,在一定的历史时期,曾从温暖的低纬度地区迁徙到寒冷的高纬度地区生活。当然,也有反向迁徙的类型。然而,我们并不了解这些迁徙动物是否严格适应它们本乡土的气候环境,以及它们在迁徙之后能否较本乡土更适应于新居地的气候环境。

我们之所以推断家养动物最初是由未开化人类培育出来的,一方面是因为它们对人类有用,另一方面是因为它们能在家养状态下繁殖,并不是因为它们可以被运到更远的地方去。因此,家养动物都具有在不同气候条件下生存、繁衍的能力。据此,我们可以论证现代自然状态下生活的动物,有许多类型能够适应各种气候环境。然而,我们不能把前面的论题扯得太远,因为家养动物可能起源于多种野生种。例如,家犬可能具有热带和寒带狼的血统。鼠和鼷鼠并不是家养动物,但它们常常被带到世界各地。它们的分布范围,目前已超过任何其他的啮齿类。它们既适应北方法罗群岛寒冷的气候环境,也能在南方马尔维纳斯群岛及许多热带岛屿上生活。多数动物对特殊气候的适应,可以被看作是动物天生就容易适应气候的能力。基于此点,人类和家养动物都具有对各种不同气候环境的忍受能力。已灭绝的大象和犀牛,都能忍受古代的冰川气候;而现存的种类,却具有在热带和亚热带生活的习性。这是生物本身的适应性在特殊情况下所表现出来的例子。

物种对特殊气候的适应程度,是取决于生活习性,还是对具不同构造的变种的选择作用,或是上述两者的共同作用,这是一个不易搞清楚的问题。根据类推法及从许多农业著作中和中国古代的百科全书的忠告中得知,动物从一地区运往其他地区时必须十分小心。因此,我相信习性对生物会有若干影响。人类并非一定能成功地选择出特别适应于生物本身生存环境的品种和亚品种,我认为这一定是由于习性的原因。

另一方面,自然选择肯定也倾向于保存那些生来就最能适应居住环境的个体。据多种栽培植物论文的记载,某些变种较其他变种更能忍受某种气候。这种观点在美国出版的有关果树的著作中得到了进一步证实,他们并据此推荐哪些变种更适宜在北方或南方生长。由于许多变种都是在近代育成的,因此,它们本身的差异并不能归因于习性的不同。菊芋(Jerusalem artichoke)的例子曾被提出来作为物种对气候变化不发生适应性变异的证据。因为菊芋在英国不能以种子进行繁殖,所以不能产生新变种。它的植株总是那样柔弱。同样,菜豆(Kidney-bean)的例子也常常被人们引证,而且很有说服力。毫无疑问,如果有人要做这样的实验:提早播种菜豆,并使其大部分为寒霜冻死,然后从少数生存的植株上收集种子,再行种植。每次都留心,以防止偶然杂交,如此经过二十代后,才能说这个实验做过了。我们不能假定一些菜豆幼苗的本身没有差异,因为曾有报告谈及一些幼苗较其他幼苗更具抗寒能力。我自己就看到过一些明显的事例。

综上所述,我们可以得出结论:生物的习性和器官的用进废退,都对生物体构型及构造变异有着重要的影响。这些影响和自然选择一起发生作用,并且有时为其所控制。

相关变异

相关变异是指生物体各部分在生长和发育过程中彼此联系密切,如果一部分发生轻微变异,随着自然选择的积累,必然有其他部分发生变异。相关变异是一个极其重要的问题,也是了解得最少、最容易使各种截然不同的事实互相混淆的问题。我在下面将谈到单纯的遗传会常常表现出相关变异的假象。动物幼体或幼虫的构造,如果发生变异,其成体的构造自然会受到影响,这是相关变异最明显的实例。动物身体上若干同源构造,在胚胎早期,构造相同,所处的环境又大致雷同,似乎最易发生相同的变异。我们可以看到身体的右侧和左侧,变异方式往往相同;前足和后足,甚至颚与四肢都同时发生变异,因为一些解剖学家认为下颚与四肢是属于同源构造。我毫不怀疑,变异的方向会或多或少地受自然选择所控制。例如,曾有一群雄鹿,仅在一侧长角,倘若这对雄鹿的生活用处很大,自然选择就会使它长久保存下来。

有些学者讲过,同源构造有结合的趋势。这在畸形的植物中可以看到。正常构造中,同源部分结合最常见的例子就是诸花瓣结合成管状。生物体中的硬体构造，似乎能影响相邻软体部分的形状。某些学者认为，鸟类骨盆的形状不同能引起其肾脏形状的显著差异。还有些学者认为，人类产妇的骨盆形状，由于压力会影响婴儿头部的形状。据斯雷格尔(Schlegel)所说，蛇类的体形和吞食方式可决定其几种重要器官的位置和形状。

这种相关变异的性质，我们并不十分清楚。小圣伊莱尔曾强调指出，我们还不能解释有些畸形构造为什么常常共存，而有些却很少共存。以下是几个相关变异的奇特例子：就猫而言，体色纯白而蓝眼的，与耳聋有关；体呈龟壳色的，与雌性有关。在鸽子中，足长羽的，与外趾间蹼皮有关；刚孵出的幼鸽绒毛之多寡，与将来羽毛的颜色有关；土耳其裸犬的毛与其齿有关联。上述这些奇妙的关系一定包含同源的影响。从毛与齿相关的观点来看，哺乳动物中皮肤特别的鲸目与贫齿目的牙齿异常，并非出于偶然。但是，正如米瓦特先生所说这一规律也有许多例外。所以，它的应用范围不大。

据我所知，菊科和伞形科植物在花序上内外花的差异，更易于说明相关变异规则的重要性，而与用进废退及自然选择作用无关。众所周知，雏菊边花与中央花的差异，往往伴随着生殖器官的部分或完全退化。有些种子的形态和纹饰也有差别,这也许是因为总苞对边花的压力或是它们彼此间具有压力的结果。某些菊科边花种子的形状就足以说明这一点。胡克博士告诉我,在伞形科植物中,花序最密的种往往内外花差异最大。我们可以设想,边花得以发育是靠生殖器官输送养料,这样反过来可以造成生殖器官发育不良。但是,这并不是唯一的原因。因为在一些菊科植物中,它们的花冠虽然相同,但其内外花的种子却有差别。这些差别可能与养料流向中心花和边花的多寡有关。至少我们知道,在不整齐的花簇中,那些距花轴最近的花,最易变成整齐花了。关于这一点,我再补充一个事实以作为相关变异的实例:在许多天竺葵属(*Pelargomum*)植物中,如果花序的中央花上边两花瓣失去浓色的斑点,那么所附着的蜜腺也会完全退化;如果两花瓣中只有一瓣失去斑点,所附着的蜜腺就不会完全退化,只是萎缩得很短而已。

就花冠的发育而言,斯普兰格尔(C. C. Sprengel)先生的观点是可信的。他认为边花的作用是引诱昆虫,这对植物花的受精是极为有利和必需的。倘若如此,自然选择可能已经发挥作用了。就种子而言,它们在形状上的差异并不总是与花冠的不同有关,因而没有什么益处可言。但在伞形科植物中,上述的差异却显得十分重要。该科植物的种子,有在外花直生而在内花弯生的,老德·康多尔先生往往根据这些特征来确定该科植物的主要分类标准。因此,分类学家认为极有价值的构造变化,可能完全受变异和相关法则所支配。但据我们的判断,这对物种本身没有任何用处。

一群物种所共有的、遗传下来的构造,也常常被人们误认为是相关变异的作用所致。因为它们的祖先可能通过自然选择获得了某种构造上的变异,而且经过数千代后,又获得了其他不相关的变异。如果这两种变异能同时遗传给不同习性的所有后代,那么我们就会考虑它们在某些方面必有内在的联系。此外,还有其他相关变异的例子,显然是自然选择作用的结果。例如,德·康多尔观察过,不开裂的果实,在里面从未见过具翼的种子。我对此现象的解释是:除非果实开裂,否则种子就不会因自然选择的作用而逐渐长翼。只有在果实开裂的情况下,适于被风吹扬的种子,才有相对更大的生存机会。

生长的补偿与节约

老圣伊莱尔和歌德(J. W. von Goethe,1749—1832)

几乎同时提出了生长补偿法则或生长平衡法则。依照歌德的说法:"为了要在某一方面消费,自然就不得不在其他方面节约。"我认为此种说法对一定范围内的家养动物是适用的。如果养料过多地输送给某一构造或某一器官,那么输送给其他构造或器官的养料势必会减少,至少不会过量。所以,要养一头多产奶、同时身体又肥胖的牛是困难的。同样,同一甘蓝变种,不能既长有茂盛而富于营养的菜叶,又结出大量含油的种子。种子发生萎缩的果实,其体积就会增大,而品质也会得到相应的改进。头上戴有大丛毛冠的家鸡往往都长有瘦小的肉冠。而那些颚须多的家鸡,肉垂则很小。生长补偿法则很难普遍应用于在自然状态下生长的物种。然而,许多优秀的观察者,特别是植物学家都相信该法则的真实性。我不想在此列举任何实例,因为我很难用方法来区分哪一构造只是由于自然选择作用而发达的,而另一相关构造却因自然选择作用或因不使用而退化的;也难搞清某一构造的养料被剥夺,是否由于相邻构造的过度生长所致。

我认为前人所列举的补偿实例以及其他若干事实,都可用一个更普遍的规律来概括,即自然选择常常使生物体各部分不断地趋于节约。生物本身原来有用的构造,随着生活环境的改变,而变得用处不大时,此构造就会萎缩,这对生物个体是有利的,因为这样可以使养料消费在更有用的构造上。据此,我才能理解当初观察蔓足类时曾使我惊奇的事实:一种蔓足类若寄生在另一蔓足类体内而得到保护时,它的外壳或背甲几乎完全消失。这种相似的例子还很多。例如,四甲石砌属(*Ibla*)的雄性个体就是这样;寄生石砌属(*Proteolepas*)的个体,更是如此。所有其他蔓足类的背甲都发育得很好,都是由头部前端三个重要的体节组成,并具有大的神经和肌肉。而寄生的石砌属,因寄生和被保护着,其头的前部都显著退化,仅在触角的基部留有痕迹。对于每一物种的后代来说,节省了不用的大型复杂构造是十分有益的。因为每种动物都生活在生存斗争的环境中,它们仍以节省的养料来供给自己,以获得更好的生存机会。

任何构造成为多余时,自然选择作用都会使它废退,但不会引起其他构造的相对发育。反之,自然选择使某一器官特别发育时也不需要邻近构造的退化作为补偿。

本学说之难点及其解绎

在本章[①]之前，读者早就遇到了许多疑难问题。其中有些还是相当难的，以致现在令我一想到它们还不免有些踌躇。然而，以我看来，其大部分难点都只是表面的。而那些真正的难点，也不会使这一学说受到致命的影响。

这些疑难和异议，可归纳为以下几点：

第一，如果物种是由其他物种经过细微的渐变演化而来的，那么，为什么我们并没有处处见到大量的过渡类型呢？为什么自然界的物种，如我们见到的那样区别明显，而不是彼此混淆不清呢？

第二，一种动物，例如具有蝙蝠那样的构造和习性，能由与其构造和习性极不相同的其他动物渐变而来吗？我们能够相信自然选择既可以产生很不重要的器官，如只能用作驱蝇的长颈鹿的尾巴，又可产生像眼睛那样奇

---

① 指原书第 6 章。——编辑注

妙而重要的器官吗?

第三,本能可由自然选择作用而获得和改变吗?蜜蜂筑巢的本能,确实发生在被精深数学家发现之前,对此我们该如何解释呢?

第四,我们怎么解释种间杂交不育或产生的后代不育,而种内变种杂交育性却很正常的现象呢?

这里先讨论前两个问题,下一章[①]讨论一些杂题,接着用两章[②]分别讨论本能和杂种性质。

过渡变种的缺乏

因为自然选择只保存有利于生存的变异,所以在生物稠密的地方,每种新的类型都有取代并最终消灭比自己改进较小的祖先类型和在竞争中较为不利的其他类型的趋势。因此,灭绝和自然选择是同时进行的。所以,如果我们把每一物种看作是由某种未知类型繁衍而来的话,那么通常在这一新种形成和完善的过程中,其亲本种和过渡变种便被消灭了。

按此理论,无数过渡类型一定曾经存在过。那么,

---

① 指原书第7章。——编辑注

② 指原书第8章和第9章。——编辑注

我们为什么没有发现它们大量地埋于地壳里呢？在“地质记录的不完整”一章中讨论这一问题会更为方便些。在这里只声明，我相信这一问题的答案，主要在于地质记录比一般想象的还要不完全得多。地壳里一个庞大的博物馆，这种自然收集是不完整的，并且在时间上空缺很大。

如果现在若干个亲缘极近的物种栖息在同一地区，这时我们本应该能看到许多过渡类型，然而事实并非如此。让我们举一个简单的例子：当我们从大陆的北部向南旅行时，一般在各段地带都会发现，近缘的或代表性物种显然占据着自然条件几乎完全相同的位置。这些代表性物种经常相遇，而且混合存在；并且随着一个物种的数量越来越少，另一物种的数量则会越来越多，最终一个物种替代了另一物种。但是，倘若我们把混合地带的这些物种作一对比，便会发现，像从各物种栖息的中心地带取来的标本一样，它们在每一构造细节上都显示出彼此不同。

根据我的学说，这些近缘种是由一个共同的亲本传衍而来的；在演化的过程中，每一物种都已适应了各自地域的生活条件；并且已经取代和消灭了它原来的亲本类型以及连接它过去与现在之间的所有过渡变种。因此，尽管这些过渡变种必定曾经存在过，也可能以化石的状态埋藏在那里，但是我们不应期望今天在各地都能大量地见到它们。然而，在具有中间生活条件的种间交接区，为什么我们现在见不到密切相连的中间变种呢？这一疑难在很长时期内使我颇为困惑，但是我认为这基本上是能够解释的。

根据一个地域现在是连续的，便认为过去它也一直是连续的，作这样的推论时应当极为慎重。地质学使我们相信，即使在第三纪末期，大多数陆地还被分隔为许多岛屿。区别明显的物种可能是在这样的岛屿上分别形成的，因而不可能有中间地带的中间变种。由于气候和地貌的变化，现在连续的海域，在不久以前，一定远不如现在这样的连续和一致。但我不愿借此来回避这一难点，因为我相信，许多完全不同的物种原本就是在严格连续的地域形成的。但我并不怀疑，以前分隔而现在连续的地域，在新种形成中，尤其是在自由交配和漫游动物的新种形成中，起着重要的作用。

在观察现今分布广阔的物种时，我们常会发现，它们在一个大的范围内分布的数量相当大；而在其边缘，就会逐渐变得愈来愈稀少，直至绝迹。因此，两个代表种之间的中间地带，与它们各自占有的区域相比，往往是狭窄的。在登山时,我们可以看到与德·康多尔观察到的同样事实:有时相当明显,一种普通的高山种类突然便绝迹了。福布斯在用拖网探察深海时,也曾注意到同样的事实。这些事实,肯定会使那些视气候和生活的自然条件为生物分布的决定因素的人感到奇怪,因为气候与高度或深度的变化,都是难以觉察的渐变着。但是,我们得明白,几乎每一物种在它的中心区域,倘若没有其他竞争物种,其数量便会极大地增加。我们也得明白,几乎每种生物不是捕食其他生物,便是被其他生物所捕食。

总之,每种生物都以最重要的方式与其他生物直接或间接地相联系。于是我们便知道,任何地方的生物分布范围绝不会只取决于难以觉察的逐渐变化的自然条件,而主要决定于其他物种的存在。这些物种或是它生活所必需的,或是它的天敌,或是它的竞争者。既然这些物种已经是界限分明,不会相互混淆,那么任何一个物种的分布范围,将由其他物种的分布所决定,其界限也十分明确可辨。每一物种在其分布边缘存在的数量已经减少,加之由于天敌和它所捕食的生物数量的波动以及季节的变化,极易使生活在边缘地带的个体完全覆灭,因此,种的地理分布界限就变得愈加明显了。

栖息于连续地域的近缘种或代表性物种，一般各自都有一个大的分布区。在这些分布区之间，存在着比较狭窄的中间地带。在中间地带，这些物种的个体突然变得愈来愈稀少。由于变种和物种之间没有本质上的区别，因此这一规律对两者都可适用。如果我们以一个栖息地域非常之大且正在变化着的物种为例，那么势必有两个变种分别适应于两个大的地区，而第三个变种适应于狭窄的中间地带。这个中间变种，由于栖息地狭小，其数量必然也较少。实际上，据我了解，这一规律是广泛适用于自然状态下的变种的。在藤壶属中，明显可辨的变种和中间类型的变种的分布，便是我见到的这一规律的显著例证。沃森(Watson)先生，阿萨·格雷博士和沃拉斯顿先生给我的资料表明，当介于两个变种之间的中间变种存在时，通常它的数量要比它所相连接的两个变种少得多。如果我们相信这些事实和推论，并承认连接两个变种的中间变种，一般要比其相邻的变种数量少的话，那么我们现在便能理解，中间变种之所以不能长期存在的原因，这就是它们常常比它原先连接起来的那些类型灭绝和消失得早的原因。

如前所述，任何一个数量较少的类型要比数量较多的类型灭绝的机会更大，并且在这种特定的条件下，中间类型极易受到它两边存在的近缘类型的侵害。但还有更为重要的深层次的原因：假设经过进一步的演变，两个变种变为两个明显不同的物种。在这种演化的过程中，个体较多且栖息地较大的两个变种，必然比生活在狭小的中间地带、数量较少的中间类型的变种具有更大的优势。因为在任何时期，个体多的类型比个体少的类型都有更多的机会产生出更有利于自然选择的变异。因此，数量大的普通类型，在生存竞争中，便会压倒和取代稀有的类型，因为后者的变化和改进总是比较缓慢的。我认为同样的原理可以解释在第2章所讲的情况，即每一地方的优势物种比稀有物种，平均出现更多的变种。

通过下面的例子可阐明我的意思。假设某种绵羊有三个变种：一个适应于广大的山区，一个适应于比较狭窄的丘陵地区，而第三个适应于广阔的平原；并假定这些地区的居民以同样的决心和技能，通过人工选择来改良它们的种群。在这种情况下，拥有大量羊群的山区和平原居民，比狭小的中间丘陵地带拥有较少羊群的居民，有更多有利的选择机会。他们羊的品种改良的速度，也要比拥有较少羊群的丘陵地区居民的品种改良得快。结果，改良了的山区或平原的品种会很快取代改良较少的丘陵品种;于是,两个原来数量较多的品种便会彼此衔接,而已被取代了的中间丘陵地带的变种便不复存在了。

总而言之,我相信物种会成为界限分明的实体,而且在任一时期,都不会与各种变异着的中间环节构成一种混乱状态。这是因为:

第一,由于变异是一个缓慢的过程,新变种的形成非常缓慢。自然选择只有在有利变异个体产生后,并且在该地区的自然结构中的一个位置被一个或多个有利变异个体较好地占据之后,才能发挥作用。这种新位置的产生决定于气候的缓慢改变或新个体的偶然迁入。也许原有生物的某些个体经逐渐演化产生了新的类型,新旧类型彼此作用与反作用,是新的位置形成的更重要的因素。所以,在任一地区、任一时间,我们只能见到少数几个物种在构造上表现出比较稳定的轻微变异,并且我们的确看到了这一情形。

第二,现今连续的地域,在距今不远的时期,往往是彼此分隔的。在这些分隔的地方,许多类型,特别是需交配繁殖和分布甚广的动物,也许已经各自变得十分不同,足以成为代表性物种了。在这种情况下,几个代表性物种和它们共同祖先种之间的中间变种,以前一定在各分隔的地区存在过,但是在自然选择的过程中,这些中间变种已被取代而灭绝,所以就不会再看到它们了。

第三,如果在一个完全连续地域的不同地区,已经形成了两个或多个变种,那么,中间类型的变种,起初也许在中间地带已经形成,只不过它们存在的时间一般较短。由于已经讲过的原因(近缘种、代表种以及已认可的变种实际分布的情况),这些在中间地带的中间变种,要比它们连接的那些变种数量小。仅此原因,中间变种便很容易偶然灭绝;并且,在自然选择引起的进一步变异的过程中,它们被其所连接的类型击败和取代几乎是必然的。由于后者的数量大,总体变异多,通过自然选择进一步地改进,必然获得更大的优势。

第四,如果我的学说是正确的,不是从某一个时期而是从全部时期来看,那么,把同一类群的所有物种连接起来的无数中间变种肯定曾经存在过。但是,正如多次提到的那样,自然选择往往具有消灭亲本类型和中间连接类型的倾向。因此,它们以前存在的证据,只有在化石中才能找到。然而,地壳保存的化石,如我们在后面的章节中将要论证的那样,是极不完全和断断续续的记录。

具有特殊习性和构造之生物的起源和过渡

反对我的观点的人曾问道：例如，一种陆栖性以肉为食的动物如何能够转变为水栖性以肉为食的动物？其过渡状态如何生活？要证明现在仍存在着从严格的陆栖到水栖动物之间的各级中间类型的以肉为食的动物并不困难。由于每种中间类型的动物都是通过生存斗争而生存着。很显然，它一定对它在自然界中所处的位置适应得很好。看看北美洲的水貂(Mustela vison)，它的脚有蹼。它的皮毛，短腿和尾巴的形状都很像水獭。夏天，这种动物在水中捕食鱼类，但在漫长的冬季，它离开冰水，像其他鼬鼠一样，捕食鼠类和其他陆地动物。假若反对我的人问另一种情况，一种食虫的四足兽怎么能够转化为飞翔的蝙蝠，这个问题就难回答得多。

这同其他场合一样，对我很不利。因为，从我所收集的众多显著实例中，我只能在近缘物种中拿出一两个过渡习性和结构的例子；并且在同一物种内的多样化的习性中，只能举出暂时的或永久习性的例子。依我看来，对任何一个像蝙蝠这样特殊的例子，似乎得列出一长串过渡类型的例子，方可给以较满意的解释。

试看一下松鼠科的情形。从只具微扁平的尾巴的松鼠,到如理查逊(J. Richardson)爵士所说的身体后部比较宽且双侧皮肤比较松弛的松鼠,直到鼯鼠之间的极其精细的中间等级的实例。这种鼯鼠的四肢,甚至尾巴的基部都与宽大的皮肤连为一体,起着降落伞的作用,可使鼯鼠在一树与另一树之间进行空中滑翔。其滑翔距离之远令人吃惊。我们相信,各种松鼠的特定结构在其栖息地区都是有益的,能够使它们逃避飞禽走兽的捕食,更快地觅食,而且还能减少偶然跌落摔伤的危险。但是不能根据这一事实便认为,每种松鼠的特征构造,在一切可能的条件下,都是所能想象出来的最完美的构造。假若气候和植被发生变化,假设与其竞争的其他啮齿类或新的捕食它的兽类迁入,或原有兽类的变异,若它们的构造不能以相应的方式得以改进,我们相信:至少有一些类型的松鼠其数量会减少,甚至灭绝。特别是在生存环境变化的条件下,我们便不难理解,那些腹侧膜变得越来越大的个体被继续保存下来的原因,其每一步的变化大都是有益的,都得到了传衍。由自然选择过程的累积效应,终于形成了一种完全的所谓鼯鼠。

现在看一看鼯猴(*Galeopithecus*),即所谓飞狐猴,以前被列为蝙蝠类,现在却认为它属于食虫类。它那极宽大的腹侧膜,从颚角起一直伸展到尾巴,并包含了具有长爪的四肢,膜内还生有伸张肌。虽然现在并没有连接鼯猴与其他食虫类构造的适于在空中滑翔的各级过渡构造的动物,然而不难设想,这类连接的中间类型在以前曾经存在过,而且每种连接体都以不完全滑翔的松鼠那样的方式逐渐出现。各级中间构造对这些动物自身都曾经是实用的。现在我们可以进一步相信,连接鼯猴的趾和前臂的膜,由于自然选择已大大地伸长了。同理,就飞翔器官看来,这种过程便可能将食虫类的动物转变为蝙蝠。某些蝙蝠的翼膜,从肩端一直伸展到尾部,并把后肢也包含在内。我们从它们身上可以看到,原先适于空中滑翔而不是飞翔的器官的痕迹。

如果大约有 12 个属的鸟类已经灭绝,谁还敢贸然推测,下列这样的鸟还会存在呢?像短翅船鸭(Tachyeres brachypterus),翅膀的功能只能用作拍击的鸟;如企鹅,翅膀在水中作为鳍而在陆地上作为前腿的鸟;如鸵鸟,翅膀作为风篷的鸟;以及像无翼鸟,翅膀没有功能的鸟。然而上述各种鸟的构造,在其面临的环境条件下,对它们都是有利的,因为每种鸟必须在斗争中求生存。但这样的构造,未必在所有条件下,都是最好的。更不可由这些论述便推论,这里所提到的翅膀构造的任何一个等级便表示了鸟类实际获得它全飞翔功能过程中所经历的各阶段的构造。实际上,它们可能是不使用的结果。但是它们却表明至少可能有多种过渡的方式。

看到在像甲壳动物(Crustacea)和软体动物(Mollusca)这类营水中呼吸的动物中,有少数类型可以适应陆地生活;也看到飞禽、飞兽、各式各样的飞虫以及古代飞行的爬行类动物;便会推想,借助于鳍的猛击而稍稍上升,旋转在空中滑翔很远的飞鱼,也可能会演变为翅膀完善的飞行动物。若果真如此的话,谁还能够想象到,它们在早期的过渡类型曾是大洋中的居民呢?谁又会想到,它们起初的飞行器官,如我们所知,是专门用来逃避其他鱼类的吞食呢?

当我们看到适于任一特殊习性而达到高度完善的构造,如鸟用于飞行的翅膀,我们必须记住,具有早期各级过渡构造的动物,很少能生存到现在,因为它们已被因自然选择变得更完善的后继者所取代。我们可进一步断言,适应于极其不同生活习性的构造之间的过渡类型,在早期很少大量产生,也很少出现许多次级类型。再回到我们想象中的飞鱼的例子。因此,真正能飞的鱼,似乎直到它们的飞翔器官达到高度完善的阶段,使它们在生存斗争中具有压倒其他动物的优势时,才从许多次级类型中发展起来，才具有在陆地上和水中以多种方式捕捉多种动物的能力。因此，要在化石中发现各级过渡构造类型的机会总是很小的，因为它们曾经存在的数量本来就少于那些在构造上充分发达的种类。

现在再举两三个例子，来说明同一物种不同个体的习性的改变和趋异。无论是习性的改变或趋异，自然选择都容易使动物的构造适应于其改变的习性，或专门适应数种习性中的某一种习性。然而，我们难以确定，究竟是习性的改变先于构造的变化，还是构造的轻微变化引起了习性的改变。但这对我们无关紧要。两者往往是几乎同时发生的。关于习性改变的实例，只要提到英国的昆虫习性改变的情况就足够了。许多英国昆虫现在却以外来的植物为食，或专门靠人工食物生活。关于习性趋异，可以举出无数的例子。我在南美洲时，常常观察一种霸鹟(*Saurophagus sulphuratus*)，它像隼一样，在某地的高空盘旋一阵之后，又飞至另一地的上空。在其他时间，它却像食鱼貂一样，静静地待在水边，然后猛然钻入水中，向鱼扑去。英国有一种大山雀(Parus major)，几乎像啄木鸟一样在树枝上攀行，有时又像伯劳似的啄小鸟的头部，来杀死小鸟。我多次看到或听到它击打紫杉枝上的种子,像䴓(shī)鸟似的把种子打开。赫尔恩(Hearne)在北美洲曾看到黑熊在水里游泳几个小时,像鲸鱼一样张大嘴巴捕捉水中的虫子。

有时,我们会见到,有些个体所具有的一些习性与同种和同属其他个体所固有的习性很不同。于是我们便想,这样的个体或许将能形成新种;这种新种会具有异常的习性,其构造也会或多或少地发生改变。在自然界的确有这种实例。还能举出一个比啄木鸟能在树枝上攀行并在树皮缝中觅食虫子的适应性更加动人的例子吗?然而在北美洲,有些啄木鸟主要吃果实。而另一些生有长翅的啄木鸟,却在飞行中捕食昆虫。拉普拉塔平原几乎不长一棵树,那里有一种啄木鸟(*Colaptes campestris*),其两趾朝前,两趾向后,舌长而尖。它的尾羽细尖而坚硬,虽不如典型的啄木鸟那么坚硬,却足以使它在树干上作直立的姿势。它有一个挺直而强有力的嘴,虽不如典型的啄木鸟的嘴那样笔直而强有力,但也足以在树木上凿洞。因此,这种鸟全部基本构造仍属啄木鸟,甚至在那些不重要的特征上,如颜色、粗糙的音调、起伏的飞翔等,也明显地表现出与英国普通啄木鸟有密切的亲缘关系。不但从我的观察,而且从阿萨拉的精确观察中就可以断定：在某些开阔的地区，它不爬树，而是把巢筑在堤岸的洞穴中！然而在别的一些地方，据哈德逊(Hudson)先生讲，就是这种鸟，却常出入于树林，并在树干上凿洞为巢。我还可以举一个这一属鸟习性改变的例子，即德·沙苏尔(De Saussure)描述的墨西哥啄木鸟，它在坚硬的树木上啄洞，以贮藏橡子果。

海燕是最具空栖性和海洋性的鸟类。但是在火地岛(Tierra, del Fuego)恬静的海峡间，有一种叫倍拉鹱(Puffinuria berardi)的鸟，它的一般习性，惊人的潜水能力，游泳和飞翔的方式，都会使人把它误认为是一种海雀或一种䴙䴘(pì tī)。尽管如此，它实际上是一种海燕。但是，涉及其新的生活习性的许多机体部分，却已发生了显著的改变。而拉普拉塔平原的啄木鸟，其构造只发生了轻微的变化。河乌，就连最敏锐的观察家通过对它的尸体检查，也绝不会怀疑它是半水栖习性的鸟类。然而，这种鸟在起源上却与鸫科相近，靠潜水生存。在水下用爪抓住石子，并鼓动它的双翅。膜翅目是昆虫的一个大目，除卢布克爵士发现的细蜂属(*Proctotrupes*)的习性是水栖的外，其余全是陆栖的。细蜂属的昆虫经常进入水中，潜水用翅而不用脚，在水面下能逗留四小时之久。然而,它在构造上却没有随着这种异常的习性而改变。

那些相信生物一被创造出来就是今天这个样子的人,当他们遇到一种动物所具有的习性与其构造不一致时,一定会感到惊奇。还有什么比鸭和鹅用作游泳而形成的蹼足更明显的例子呢?然而生活于高原地区具有蹼足的鹅却很少接近水边。除奥杜邦(J. J. Audubon, 1785—1851)外,没有人看见过四趾有蹼的军舰鸟降落在海面上。与此相反,鷿鷉和大鸻,它们仅在趾的边缘上长有膜,但却是显著的水栖鸟。还有什么比涉禽目(Grallatores)的鸟类,为了涉足沼泽,在浮于水面的植物上行走而形成长而无膜的足趾更明显的例子呢?但是这一目内的苦恶鸟和秧鸡的习性则大不相同。前者几乎和骨顶鸡一样是水栖性鸟类,后者几乎和鹌鹑或鹧鸪一样是陆栖鸟类。像这样的例子,还可以举出许多,都是习性已经发生了改变而相应的构造却没有变化。斑胁草雁蹼足虽然在构造上还未变化,但可以说它几乎已成为痕迹器官了。至于军舰鸟足趾间深凹的膜,则表明构造已开始变化。

信奉生物是经多次分别被上帝创造出来的人会说,这类情况是造物主故意让一种类型的生物去取代另一类型的生物。但以我看来，我只不过是从维护其尊严的角度，把他们的观点重述了一遍而已。相信生存斗争和自然选择学说的人都会承认，各种生物都在不断地力图增加其数量，也承认，如果一种生物无论在习性上或在构造上，即使发生很小的变化，便会优于该地的其他生物；它就能占领其他生物的领地，不管这一领地与它原来的领地有多么的不同。所以，他们对下列的事实便不足为奇了：长蹼足的斑胁草雁却生活于干燥的陆地，有蹼足的军舰鸟却很少接触水；长有长趾的秧鸡生活于草地而不是沼泽，某些啄木鸟却生活在几乎不长树木的地方；鸫和膜翅目的一些昆虫可以潜水，海燕却具有海雀的习性，等等。

极完美而复杂的器官

像眼睛那样的器官，可以对不同的距离调焦，接纳强度不同的光线，并可校正球面和色彩的偏差，其结构的精巧简直无法模拟。假设它也可以通过自然选择而形成，那么我坦白地说：这听起来似乎是极度荒谬的。当最初听说太阳是静止的，地球绕着太阳转时，人类曾经宣称，这一学说是错误的。所以，像每个哲学家所熟知的古谚——“民声即天声”,在科学上却是不可信的。理性告诉我,如果可以显示,由简单而不完善的眼睛到复杂而完备的眼睛之间存在着的无数中间等级,且每一等级对动物都是有益的(实际上确实如此)。进一步假设,眼睛是可变异的,且其变异是可遗传的(事实的确如此);如果这样的变异对生活在环境变化中的任何动物都是有利的,那么,虽然我们很难用自然选择的学说来论证极复杂而完善的眼睛的形成过程,但我相信,却不至于能否定我的学说。一根神经如何变得对光有感觉,和生命是如何起源的问题一样,与我们这里讨论的问题无关。不过我可以指出,一些最低等的生物体内虽找不到神经,却具有感光的能力。因此,它们原生质中的某些感觉物质会聚集起来发展为神经,从而赋予了这种特殊感觉的能力,这似乎并非是不可能的。

在搜寻任何动物器官不断完善过程中的中间过渡类型时,我们本该专门观察它的直系祖先,但这几乎是不可能的。于是我们便不得不去观察同类群中其他种或属的动物,即同祖旁系的后裔,以便了解可能存在的逐级变化情况,也许还有机会看到一些传衍下来而没有改变或改变很小的中间类型。但是,不同纲内动物的相同器官的状况,偶尔也可能提供该器官所经历的演化步骤。

可以称之为眼睛的最简单的器官,由一根被色素细胞围绕并为半透明皮肤覆盖的感光神经所组成,而没有任何晶状体或其他折光体。然而根据乔登(M. Jourdain)的研究,甚至还可追索出更低级的视觉器官,它只是着生在肉胶质组织上的一团色素细胞的聚集体;虽没有任何神经,却分明起着视觉器官的作用。上述这样简单性质的眼睛,缺乏清晰的视觉能力,只能辨别明亮与黑暗。根据乔登的描述,在某些海星中,包围神经的色素层上有小的凹陷,里面充满着透明的胶状物质,表面向外凸起,如高等动物的角膜,他认为这种结构不能成像,仅能聚合光线,使它们更容易感光。光线的聚集是成像型眼睛形成的一步,也是最重要的一步。因为只要具有裸露的感光神经末梢,在一些较低等的动物中,它埋于身体的深部,而在有些动物中,它接近于表面,当它与聚光机构的距离适中时,在它上面便可形成影像。

在关节动物(Articulata)[①]这一大纲里,人们见到最简单的视觉器官是仅被色素覆盖的单根感光神经。这

① 达尔文时代的所谓关节动物概念包括了现在的节肢动物和环节动物,现在分类学已经废除"关节动物"这一分类概念。——译者注

种色素有时形成一种瞳孔,但缺乏晶状体或其他光学装置。至于昆虫,现已知道,其巨大复眼的眼膜上的无数小眼形成了真正的晶状体,而且这种视锥体包含着奇妙变化的神经纤维。但是在关节动物中,这些视觉器官趋异很大,穆勒将其分为三大类和七亚类,此外还有包括第四大类聚生单眼。

如果我们回想一下上面极简要地介绍的这些事实,即低等动物眼睛构造变化之多,差异之大和中间类型之繁多;如果我们还记得,现存生命的形式与已灭绝的相比,其数量是何等的小,那么,相信自然选择作用会将一根神经,即被色素包围和被透明膜覆盖的简单装置演变成为如任何一种关节动物所具有的那样完备的视觉器官,就不会有多大困难了。

读完此书,便会发现:大量的事实只能用对变异进行自然选择的学说,才能得到圆满的解释。于是,我们就应当毫不犹豫地进一步承认,甚至像鹰的眼睛那样完美的构造,也只能是这样形成的,尽管对其演变的过程并不清楚。有人曾反对说,既要改进眼睛,还要把它作为完备的器官保存下来,同时还必须产生许多变化,这是自然选择不可能做到的。但正如我在《动物和植物在家养下的变异》中所指出的那样,如果变异是极细微的渐变,便没有必要假设它们都是同时发生的。

正如华莱士先生所说:“如果一晶状体所具有的焦距太短或太长,便可通过曲度或密度的改变而得到改进。如果曲度不规则,光线则不能聚于一点,那么只要增加曲度的整齐性,便可得到改善。所以,虹膜的收缩和眼肌的运动,对于视觉并不是最重要的,它们只不过是在眼睛演化过程中某一阶段的补充和完善而已。”在动物界最高级的脊椎动物中,我们可以从极简单的眼睛开始,如文昌鱼的眼睛,仅由一个透明皮肤小囊和一根被色素包围的神经组成,再没有别的装置。在鱼类和爬行类中,如欧文所说:“屈光构造的诸级变化范围是很大的。”根据权威人士微尔和(Wirchow)的卓见,甚至人类,其美丽的晶状体也是在胚胎期由表皮细胞集聚形成的,位于囊状皮褶中;而玻璃体则是由胚胎的皮下组织形成的;这是具有重要意义的事实。然而,要对如此奇异而并非绝对完美无缺的眼睛的形成作出公正的结论,就必须以理性战胜想象。但我已深感这是极其困难的。所以,当把自然选择的原理延伸到这样远时,我能理解为什么会使别人在接受这一理论时感到犹豫不决。

对自然选择学说的各种异议

杰出的动物学家米瓦特先生,最近把别人反对由华莱士先生和我所提出自然选择学说的所有异议搜集起来,并且以高超的技巧和力量加以说明。那些异议一经这样整理,便形成了一种可怕的阵容,由于米瓦特并未计划把那些和他结论相反的各种事实和推论都列出来,所以读者要权衡双方的证据,就必须在推理和记忆上付出极大的努力。在讨论特殊情形时,米瓦特又把生物各部分增强使用与不使用的效果忽略不谈,而这一点我一直认为它十分重要,并在我著的《动物和植物在家养下的变异》一书中,进行了详细的讨论,自信为任何其他作者所不及。同时,他还常常认为,我忽视了与自然选择无关的变异。相反,在《动物和植物在家养下的变异》中,我搜集了很多确切的例子,其数量超过了其他任何我所知道的著作。我的判断并不一定可靠,但是细读米瓦特的书后,把他的每一部分与我在同一题目中所讲的加以比较,使我更加坚定地相信,本书所得的结论具有普遍的真实性,当然,在这样复杂的问题上,难免产生一些局部的错误。

米瓦特先生所提的全部异议,有些已经讨论了,有些将要在本书内加以讨论。其中已打动了许多读者的一个新观点是:“自然选择不能解释有用构造的初始阶段。”这一问题和常常伴随着机能变化的性状的级进变化密切相关。例如,在第 6 章有两节所讨论的由鳔到肺的转变。尽管如此,我还想在这里对米瓦特先生所提的一些问题作详细的讨论。由于受篇幅的限制,我只能选择最有代表性的几个问题,而不能对所有问题都加以讨论。

长颈鹿拥有极高的身材,很长的颈、前腿和舌,它的整个构造框架,非常适于取食较高的树枝。因此它可以获得同一地区其他有蹄类不可及的食物。这在饥荒时期,对长颈鹿是大有好处的。南美洲的尼亚塔牛(Niata cattle)的情况表明,构造上很小的差异,在饥荒时期,也会对保存动物的生命产生巨大的差别。这种牛与其他牛一样地吃草,但由于它的下颌突出,逢到不断发生干旱的时节,便不能像普通牛和马一样,可以吃树枝和芦苇等食物,此时,若主人不饲喂,则会死亡。

在讨论米瓦特的异议之前,最好再讲一下自然选择在通常情形中是如何发生作用的。人类已改变了一些动物,但并没有照顾到其构造上的某些特点,例如对赛跑马和细腰猎狗,只把跑得最快的个体加以保存和繁育;对斗鸡,只选斗胜者加以繁育。在自然状态下,对于初始阶段的长颈鹿也一样,在饥荒时期,那些取食最高的,哪怕比其他个体高 1 或 2 英寸[①]的个体,都会被自然选择所保存,因为它们会游遍整个地区搜寻食物。在同一物种的个体之间,身体各部分的相对长度,往往都有细微的差别,这在许多博物志的著作中都有论述,并给出了详细的度量。这些由生长律及变异律所引起比例上的微小差别,对于大多数物种是没有丝毫用处的。但是这对初期阶段的长颈鹿,考虑到它当时可能的生活习性,却是另一回事,因为那些身体的某一部分或某几部分比普通个体稍长的个体,往往就能生存下来。存活下来的个体间交配,产生的后代,或可获得相同的身体特征,或具有以同样的方式再变化的趋势。而在这些方面较不适宜的个体,便易于灭亡。

在自然状态下,自然选择可保存一切优良个体,并

① 1 英寸=2.54 厘米。——编辑注

让它们自由交配,而把一切劣等个体消灭掉,不必像人类那样有计划地隔离繁育。这种自然选择的过程长期连续地发生作用,与我称之为人工无意识的选择过程完全一致,并且无疑以极其重要的方式与肢体增强使用的遗传效应结合在一起,我想,这不难使一种普通的有蹄类逐渐转变为长颈鹿。

对此结论,米瓦特先生提出两点异议,一是身体的增大显然需要食物供给的增多。他认为:“由此产生的不利,在饥荒时期,是否会抵消由此所获得的利益,便很成问题。”但是现在非洲南部确有大量的长颈鹿生存着。还有某些世界上最大的,比牛还高的羚羊,在那里也为数不少。那么,就体形大小而言,我们为什么还怀疑,曾经历过像目前一样严重饥荒的中间过渡类型原先在哪里存在过呢?长颈鹿在体形增高的各个阶段,就使它能够取食当地其他有蹄类不能吃到的食物,这对初始阶段的长颈鹿肯定是有利的。我们也不要忽视这一事实,即身体的增大可以防御除狮子外几乎所有的猛兽。就是说,对于防范狮子,它的颈也是越长越好,如赖特(C. Wright,1830—1875)所说的,可以作为瞭望台之用。所以贝克(Baker)爵士说,要偷偷地走近长颈鹿,比走近任何其他动物都更困难。长颈鹿也可用它的长颈,猛烈地摇动生有断桩形角的头，作为攻击或防御的工具。一个物种的生存不可能仅由任一优势所决定，而是由其一切大大小小优势的联合作用所决定的。

米瓦特先生然后问(这是他的第二点异议)，如果自然选择有这么大的力量，如果高处取食有这样大的利益，那么为什么除了长颈鹿和稍矮一些的骆驼、羊驼(Guanaco)和长头驼(Macrauchenia)以外，没有任何其他的有蹄类，能获得那样长的颈和那样高的身材呢？又为什么有蹄类的任何成员没有获得长吻呢？因为在南美洲，从前曾经有许多群长颈鹿栖息过。回答这一问题并不困难，而且可通过一个实例便能给以最好的解答。在英格兰，凡是长有树的草地上，我们都能见到被修剪为同等高度的矮的树枝茬，它们是由马或牛咬吃过的。比如，生活在那里的绵羊，如果获得稍长的颈，那么它还会有什么优势呢？在各地，几乎肯定有一种动物比其他动物取食的位置都高，而且几乎同样肯定，只有这种动物，能够通过自然选择的作用和增加使用的效果，为了获得位置更高的食物的目的使颈加长。在非洲南部，为了吃到金合欢属及其他植物的上层枝叶，所进行的竞争必然发生在长颈鹿之间，而不是在长颈鹿和其他有蹄类动物之间。

在世界其他地方,同样需要取食高处食物的许多动物,为什么没有获得长颈或长吻的问题,不可能解答清楚。然而,期望明确解答这一问题,就如同期望明确解答人类历史上某些事件为什么发生于某一国而不发生在另一国的问题一样,是没有道理的。我们并不了解决定每一物种数量和分布的条件是什么,我们甚至不能推测,什么样的构造变化,对于它在某个新地域的增殖是有利的。但是,我们大体上可以看出影响长颈或长吻发展的各种原因。有蹄类动物,要取食相当高的树叶,由于其构造极不适于爬树,势必增大它们的躯体。我们知道在某些地区,例如南美洲,虽然草木繁茂,却很少有大型四足兽。而在非洲南部,大型兽之多,无可比拟。为何如此,我们不知道。为什么第三纪后期比现在更有利于它们的生存？我们也不知道。无论原因如何,但我们可以知道,某些地区和某些时期,总会比其他地区和其他时期,更加有利于像长颈鹿那样巨大的四足兽生长。

一种动物为了获得某种特别的构造,并得到巨大发展,许多其他的部分几乎不可避免地也要发生变异和共适应。虽然身体各部分都有轻微变化,但是必要的部分并不一定总是按照适当的方向和适当的程度发生变异。就不同物种的家养动物而言,我们知道:它们身体的各部分变异,其方式和程度各不相同,而某些物种比其他物种更容易变异。即使的确产生了适宜的变异,自然选择不一定会对它们起作用,而形成显然对该物种有利的结构。例如,一个物种在某地区的个体数量,如果主要是由以肉为食的兽类的侵害,或内部和外部寄生虫等的侵害情况来决定的(情况确实常常如此),那么,对于该物种在取食器官方面任何特殊构造的变异,自然选择所起的作用便很微小甚至大大地阻碍这种变异的发展。而且,自然选择是一种缓慢的过程,因此要产生任何显著的效果,有利条件必须长期持续不变。除了这些一般的和不大确切的理由之外,我们实在不能解释,为什么世界上许多地方的有蹄类,没有获得很长的颈或用其他方式来取食较高的树枝。

许多作者都曾提出了和上面性质相同的问题。在每种情形中,除了刚讲过的一般原因外,可能还有种种原因,会妨碍通过自然选择作用获得对某一物种认为是有利的构造。有一位学者问,鸵鸟为什么没有获得飞翔的能力呢?但是,只要略加思索便可知道,要使这样庞大的沙漠鸟类在空中飞翔所需的力量,其需要消耗的食物量该是何等的巨大。海岛[1]栖息有蝙蝠和海豹,但没有陆栖的哺乳类。然而,这些蝙蝠中有些是特殊的物种,它们一定从很早以前就一直生活在海岛上。因此,莱伊尔爵士曾问:为什么这些海豹和蝙蝠不在这些岛屿上产生出适合于陆地上生活的生物呢?并且还提出了一些理由来解答。但是若可能的话,海豹首先会转变为相当大的陆栖食肉类动物,而蝙蝠首先变为陆栖的食虫动物。对于前者,岛上缺乏被捕食的动物;对于蝙蝠,倒是可以地面上的昆虫为食,但是它们早已被先移居到大多数海岛上来的、数目繁多的爬行类和鸟类大量地吃掉了。

只有在某些特殊的情况下,自然选择才会使构造的级进变化,在每一阶段都对变化着的物种有益。一种严格的陆栖动物,最初只在浅水中偶尔猎取食物,然后逐渐进入小溪或湖,最后才可能变为敢进入大海的、彻底的水栖动物。但是海豹在海岛上找不到有利于它们逐渐重新转变为陆栖动物的条件。至于蝙蝠,如前面讲的,它们翅膀的形成,也许最初像鼯鼠一样,在空中由一棵树滑翔到另一棵树,以逃避仇敌,或避免跌落。可是

① 距大陆极远的岛屿。——译者注

一旦获得真正的飞翔能力后,至少为了上述的目的,绝不会再变回到效力较低的空中滑翔能力上去。蝙蝠的确也可像许多鸟类一样,由于不使用,会使翅膀变小,或完全失去;但在这种情况下,它们必须首先获得只用自己的后腿在地面上迅速奔跑的能力,以便可与鸟类或其他的地上动物竞争;但是这种变化对蝙蝠特别不适合。上述这些推想只是为了表明,构造的转变,要对每一阶段都有利,实在是一桩极其复杂的事情;同时,在任何一种特定的事例中,没有发生构造转变,毫不为奇。

最后,不只一位学者问道,既然智力的发展对一切动物都有利,那为什么有些动物的智力比其他动物的智力发达得多呢?为什么猿类没有获得像人类那样发达的智力呢?对此可以说出各种原因,不过都是推想的,并且不能衡量它们的相对可能性,所以在此不予讨论。我们不要期望有确切的解答,因为还没有能解答比此更简单的问题,即在未开化的人中,为什么一族的文明水平会比另一族的高,这显然意味着智力的提高。

我们再来看米瓦特先生的其他异议。昆虫为了保护自己,使自己与许多物体相似,如绿叶、枯叶、枯枝、地衣、花朵、棘刺、鸟粪以及其他活的昆虫。关于最后一点,以后再讲。这种相似往往惟妙惟肖,不只限于体色,而且延及形状，甚至支持自己身体的姿态。以灌木为食的尺蠖，常常把身子翘起，一动也不动，活像一根枯枝，这是一种模拟的极好例子。而模拟像鸟粪那样物体的例子是少见的和特殊的。对这一问题，米瓦特先生说："根据达尔文的学说，生物具有一种永恒的不定变异的倾向，而且由于微小的初始变异是多方向的，那么这些变异势必彼此抵消，且开始形成的是不稳定的变异。如果这是可能的话，那么就难以理解，这么极其微小的初始的不稳定的变异怎么达到与叶子、竹子或其他物体充分相似，可为自然选择所利用和长久保存的地步。"

但是，在上述的一切情形中，这些昆虫的原来状态往往和它们所处环境中的一种常见的物体，无疑有一些约略的和偶然的类似性。考虑到各式各样的昆虫的形态和颜色以及周围无数的物体，则这种说法并不是完全不可能的。这种大体的相似性，对于最初的开端是必须的，因此我们便可理解，为什么较大的和较高等的动物(据我所知，有一种鱼是例外)，为了保护自己而没有能和一种特殊的物体相似，只是与周围的环境在表面上，而且主要是在颜色上的相似。假设有一种昆虫，原先偶然出现与枯叶或枯枝有某种程度的相似，并且在多方面起了轻微变化，那么在这些变异中，只有能使这种昆虫更加像枯枝或枯叶的，因而有利于避开敌害的变异会被保存下来，而其余变异就被忽略而最终消失。或者，如果某些变异使昆虫更加不像所模仿的物体，也会被淘汰掉。对于上述的相似性，如果我们不用自然选择的作用来解释，而只用不稳定变异来解释，那么米瓦特先生的异议确实是有力的，但事实并非如此。

古生物的演替

现在让我们看一下,有关生物在地质上演替的几种事实和法则,究竟是和物种不变的传统观点相同,还是和物种经过变异与自然选择,而不断缓慢演替的观点相一致。

一个接着一个新物种的出现,不管是在陆地上还是在水里,都是很缓慢的。莱伊尔曾指出,在第三纪的几个时期里,在这方面存在不可反驳的证据;而且每年都有新的物种发现,有助于把各个时期之间的空白填充起来,使已灭绝的和现存的物种之间形成渐进的协调关系。在某些最新的地层中(如果以年为单位计算,无疑属于很古老的时代),只有一两个物种是灭绝了的,同时也有一两个新物种,或者是地方性的在该处首次出现,或者据我们所知是在整个地球表面上首次出现。中生代的地层间断比较多,但是,正像布朗(R. Brown)所说,埋藏在各个地层里众多物种的出现和消失都不是同时的。

不同纲和不同属的物种,其变化的速度和程度都各不相同。在第三纪较老的地层里,在许多已灭绝的种属中,还可以找到少数今日尚存的贝类。福尔克纳曾举出一个这种相似情况的典型例子,就是有一种现存的鳄鱼和许多已灭绝的哺乳动物、爬行动物一起在喜马拉雅山下的沉积物中被找到。志留纪的海豆芽和该属现存的物种之间差异极少,然而志留纪其他软体动物和一切甲壳动物,都已发生了极大的变化。陆相生物的变化速率好像比海相生物的变化速率大,这种生动的例子曾在瑞士看到过。有一些理由使我们相信,高等生物要比低等生物变化快得多,虽然这一规律也有例外情况。正如皮克特(F. J. Pictet,1809—1872)所说的,生物的变化量在各个连续的地层里是不相同的。

然而,如果我们把任何有密切关联的地层对照一下,就会发现一切物种都经过了某些改变。当一个物种一旦在地球表面绝迹的时候,我们没有理由相信会有同样的类型重现。对于后一条规律,巴兰得(M. Barrande)所谓的"殖民团体"(Colonies)是一个明显的例外,这种"殖民团体"在某一时期侵入较古老的地层里,使得过去存在的动物群重新出现。然而,莱伊尔则说,这是从不同地区暂时迁入物种的一个情形,这似乎是令人满意的解释了。

这几种事实都与我们的学说一致。学说里不包括神创论那些一成不变的规律,即不主张某个地区内所有的生物一律突然地或者同时地或者同样程度地发生变异。变异的过程必定很缓慢,通常在一个时期内,受到影响的物种只有少数几个,因为每个物种的变异性是独立的,与其他一切物种的变异性没有关系。至于物种所发生的变异或是个体间的差别,是否会经过自然选择作用或多或少地积累起来,成为永久性变异,却要取决于许多复杂的偶然因素——取决于变异的性质是否对生物有利、自由交配的难易程度、地方性自然地理条件的缓慢变化、新物种的迁入,并且取决于和这个变异物种相竞争的其他生物的性质。所以,一个物种保持原状态的时间要比其他物种保持的时间长得多,或者,即使有变化,改变的程度也较其他物种小,这是毫不奇怪的。

在各个不同的地区,我们可以在现存生物中看到这种类似的情况;例如,马特拉岛陆相贝类和鞘翅类昆虫,与欧洲大陆上它们的近亲相比较,差异相当大;而该岛海相的贝壳和鸟类却没有改变。按照前章[1]的解释,高等动物和它们周围有机的和无机的生活条件之间关系比较复杂,我们也许能够明白为何高等生物和陆相生物的变异,显然要比海相生物或低等生物要快得多。当任一地区的多数生物已经发生了变异和改良的时候,我们根据竞争的原理和生物之间生存斗争的重要关系,就可以理解,不管什么生物,若是不发生某种程度的变异和改良时,可能难免要灭绝。所以,假如我们在一个地区内观察了足够长的时间,就会明白,为什么一切物种迟早都要变异,因为如不变异就要灭亡。

同一纲的各个物种,在同样长的时期里,发生的平均变异量近似相同。但是,由于富含化石、历时久远的地层的形成,取决于大量沉积物在地面下沉地区的堆积情况,所以现在的地层,几乎都是经过长期而又不相等的时间间隔才堆积起来的,结果就造成了埋藏在连续地层内的化石物种,表现出不相等的变异量。依据这个观点,每个地层所代表的不是一种完整的新创造,只不过像一出缓缓改变的戏剧中,偶然出现的一幕似的。

我们完全理解,为何一个物种一经灭绝,尽管再遇

① 指原书第9章。——编辑注

到一模一样的有机和无机的生活条件，它也绝不会再出现了。因为一个物种的后代，虽然能够适应另一物种的生活条件，同时占据了另一物种在自然界中的位置并排挤了它(不容怀疑，这种情况曾发生过无数次)；但是这新的和老的两种类型绝不会完全相同，因为它们肯定已从各自不同的祖先那里继承了不同的特征，既然两种生物本身各不相同，它们变异的方式自然也不相同。例如，假如我们所有的扇尾鸽已经灭绝了，养鸽人可能培养出一个新品种，和原来这种扇尾鸽几乎没有差异；然而，如果原种岩鸽也同样灭绝时，我们有充分的理由相信，在自然条件下，改良过的后代鸽终会替代原种岩鸽，使之灭绝。因此，要从任何其他鸽种，或者从任何品种十分稳定的家鸽中，培育出与现存扇尾鸽相同的品种，是令人难以置信的，因为连续的变异在某种程度上肯定有所不同，而新育成的变种，可能已从它祖先那里继承了某些特有的差异。

物种的集合，即为属和科，它们的出现和灭绝所依据的规律，和单个物种相同，它们的变异有快有慢，变异程度也有大有小。一个物种群，一旦灭绝后就绝不能再现；这就是说，物种不论延续了多长时间，总是连续存在的。对于这条规律，我知道有些明显的例外，可是这样的例外少得惊人，就连福布斯、皮克特和伍德沃德(woodward)(虽然他们竭力反对我所主张的观点)都承认这一规律是正确的！而这一规律又和自然选择的学说完全符合。因为同一群的所有物种，不论延续了多长时间，都是出自同一个祖先的、代代相传的、改变了的后代。例如海豆芽属，从早寒武世到现在，各个地质时期都有该属的新物种出现，这就必然有一条连续不断的世代顺序把它们连接在一起。

上一章[①]里我们已经谈过，成群物种有时会呈现出突然发展的假象，对此我已经解释过了。这种事情如果是确实的话，对我的学说将是致命的打击。不过这些事情确是例外。通常的规律是，物群的数目，先是逐渐增加，待达到最大限度时(时间上或早或迟)，又逐渐减少。如果把一属内物种的数目与存在时间或是一科内属的数目与存在时间，用一条线段来表示：线段的长度表示物种或属出现的连续地层，线段的粗细表示物种或属的多寡；然而有时这线段下端起始处会给人以假象，表现出不是尖细的而是平截的；随后其线段上升并逐渐加粗，同一粗度往往可保持一段距离，最后在上面地层中

① 指原书的第10章。——编辑注

逐渐变细而消失，表示此物种或属逐渐减小，以致最后灭绝。某个类群的物种数目在这种情况下逐渐增加，是和我们的学说完全相符的，因为同属的种或同科的属，只能缓缓地，累进地增加。变异的进行和一些近缘物种的产生，必然是缓慢和渐进的过程——一个物种最初产生两个或三个变种，这些变种慢慢形成物种。形成物种后又经过同样缓慢的步骤产生其他变种，以此类推，直到变成大群，就像一棵大树最初是从一条树干上抽出许多枝条一样。

灭　绝

我们在上面的论述中曾附带地谈到了物种和物种群的消失。根据自然选择学说，旧物种的灭绝和改良过的新物种的产生，是密切相关的。认为地球上所有生物，在前后相连续的时代里，曾因多次灾变而几度消失的旧概念，现在已普遍放弃了，就连埃利·德·博蒙(Elie de Beaumont)、莫企逊(R. I. Murchison，1792—1871)、巴兰得等地质学家也放弃了这种概念，依照他们平素所持的观点，大概会自然而然地得出这个结果。与此相反，从第三纪地层的研究中，我们有各种理由，相信物种和物种群都是一个接一个地、逐渐消失的：最初是在一个地点，尔后在另一地点，最后波及全世界。但是，在少数情况下，例如，由于地峡的断裂而使许多新的生物侵入邻海，或者由于海岛的下沉，灭绝的过程可能是很快的。无论是单一的物种，还是成群的物种，它们持续的时间极不相同；正像我们所见到的，有些物种群从已知最早生命开始的时代起，一直延续到今天还存在，也有些物种群在古生代末就已经消失了。好像没有一定的规律来决定某一种或某一属能够延续多长时间。我们有理由相信，整个物种群全部灭绝的进程要比它们产生的过程慢一些。假如用前面所讲的粗细不等的线段来表示物种群的出现和消失时，那么这条线段的上端逐渐变尖细的速度(表示物种灭绝的过程)，要比线段的下端变尖的速度(表示该物种最初出现和早期数目的增加)缓慢。然而，在某些情况下，成群物种的灭绝，就像菊石在中生代末期的灭绝那样，令人惊奇地突然发生了。

以前，物种的灭绝曾陷入莫名其妙的神秘之中。有的学者甚至假定，生物个体既然有一定的寿命，物种的存在也应当有一定的期限。恐怕没有人比我对物种的灭绝感到更为惊奇的了。当我在拉普拉塔发现乳齿象(Mastodon)、大地懒(Megatherinm)、箭齿兽(Toxodon)

及其他已灭绝的奇形怪状动物的遗骸,竟然和一颗马的牙齿埋藏在一起,而且这一奇特的动物组合又是和现存的贝类在最近的地质时代里一起共存,这真使我惊愕不已。因为自从西班牙人把马引进南美洲以后,马就变成了野生的,并以极快的速度繁衍增长,分布遍及整个南美洲。于是我问自己,在这样极其适合马生存的环境下,为什么以前的马就会消亡呢?然而我的惊愕是没有理由的。很快,欧文教授就识别出这个马齿虽然和现存的马很接近,实际上却是一种已经灭绝了的马的牙。假如现在仍有极少数量这种马存在,大概任何博物学家也不会惊奇它的数量之少,因为无论在什么地方,所有各纲都难免只有数量极少的物种存在。

如果我们要问,为什么这个物种或那个物种的数量极少呢?我们的回答是,因为它的生活条件中有某些不利的因素。然而究竟是什么不利的因素,我们却难以答出。假如那种化石中的马现在仍以稀少物种的形式存在,我们根据它与别的哺乳动物的类比,包括与繁殖很慢的象作类比,根据南美洲家马的驯化历史,肯定会认为它若处于更合适的环境条件下,不出几年时间,便会遍布整个美洲大陆。然而,我们无法说出究竟是什么阻止了它的繁衍,是一种还是几种偶然的因素起作用,是在马有生之年的哪一个时期起作用;也不知道各因素作用的程度等。如果这些因素变得愈来愈不利,不管这变化多么慢,我们的确也未觉察出来,然而这种化石中的马必然会日益减少,以致最后灭绝!它在自然界中的位置,就会被生存竞争的胜利者所取代。

有一点人们很容易忘记,就是每一种生物的繁衍,经常要受到看不见的无形的不利因素的制约。这种无形的因素足以使物种变得稀少,直到最后灭绝。人们对这个问题所知甚少。我经常听到有人对体型巨大的怪物,如乳齿象和更古老的恐龙的灭绝表示十分惊奇,好像只要有庞大的身体,就能在生存斗争中取得胜利似的。恰恰相反,正如欧文所说,在某些情况下,由于身体庞大,需要大量的食物,反而会招致它很快的灭绝。在印度和非洲尚无人类出现之前,肯定有若干原因阻止了现代象继续繁衍。很有能力的分类学家福尔克纳博士,相信阻止印度象繁衍的原因主要是昆虫没完没了地折磨,使象趋于衰弱。布鲁斯(Bruce)对于阿比西尼亚的非洲象观察中,也得出相同的结论。在南美洲的几个地区,昆虫和吸血的蝙蝠确实控制了那些适宜当地水土的、体型庞大的四足兽类的生杀大权。

在较近代的第三纪地层里,我们可以看到许多先稀少尔后灭绝的情况。同时我们也知道,由于人类作用,一些动物在某个地方或在全世界灭绝的情况也是如此。这里,我要重述一遍我在1845年发表的观点,即承认物种在灭绝之前,先逐渐变得稀少。我们对一个物种的稀少并不感到惊奇,而当它灭绝时却又大为惊异,这就和承认疾病为死亡的先驱,当人有生病时并不觉得奇怪,而当病人死亡时却感到惊奇,甚至怀疑他是死于横祸的情况一样。

自然选择学说是以下面信念为基础的:每个新变种,最后成为一个新物种,其所以产生和延续下来,是因为比它的竞争者占有某些优势;而居劣势物种的灭绝,似乎是必然发展的结果。家养动物的情况也是一样的,当培育出一个稍有改良的新变种后,最初它要排挤掉周围改进较小的变种,待新种大有改进后,才能传播到远近各地,就像我们的短角牛那样,被运送到各个地方,取代当地原来的品种。因此,新类型的出现和旧类型的消失,不论是自然产生的还是人为的,都是关联在一起的。在一定时期内,繁盛的物种群里产生的新物种数目要比灭绝的旧物种数目多。然而我们知道,物种并不是无限制地增加,起码在最近的地质时代里是如此。观察一下近代的情况,我们可以相信,新类型的产生导致了类似数目旧类型的灭绝。

一般而言,竞争进行得最激烈的是在各方面彼此最相似的类型,这在前面已经举例说明过。因此某物种的改良变异过的后代,通常会招致亲种的灭绝;而且如果许多新类型是由某一个物种发展而来,那么与这个物种亲缘最近的物种,即同属物种,最容易灭绝。同样,我相信由一物种传下来的许多新物种所组成的新属,将会排挤掉同科内原有的属。但是,也常有这样的事情发生,即某一群的一个新种,取代了另一群的一个物种而使它灭绝。如果很多近似的类型是从成功的入侵者发展而来的,则必有很多类型同时被排挤并失去它们的地位,尤其是那些相似的类型,由于共同继承了祖先某种劣性特征而最受排挤。

然而,被入侵的改良物种所取代的那些生物,不管是同纲还是异纲,总还有少数受害物种可以延续很长一段时间,这是因为它们适应于某种特殊的生活,或者生活在遥远而隔离的地区,逃避了剧烈的生存斗争。例如,中生代贝类的一个大属——三角蛤属(*Trigonia*),它的某些物种仍残存在大洋洲的海洋里。又如硬鳞鱼类(Ganoid fishes),曾是将要灭绝的一群,但其中少数物种至今在淡水中仍生存着。由此可见,一个物种群的完全灭绝，一般比它们的产生要慢些。

至于整科或整目物种的突然灭绝，例如古生代末期的三叶虫和中生代末期的菊石等，我们肯定记得前面已讲过的话，就是在连续地层之间可能有长久的间隔时间，而在这些间隔时间里，物种灭绝的速度可能非常缓慢。此外，当一个新物种群里的许多物种，在突然迁入某地或异常快速发展而占据了某个地区时，多数老物种就会以相应的速率灭绝，这些被排挤而让出地盘的老类型，通常是带有共同劣性的近似物种。

因而，就我的看法，单一物种和成群物种的灭绝方式都是和自然选择的学说完全吻合的。我们不必对物种的灭绝感到惊异。如果真要惊异的话，还是对我们自己凭借一时的想象，自以为弄明白物种生存所依赖的各种复杂、偶然因素的做法惊异吧！每个物种都有繁衍过度的倾向，同时也经常存在着我们觉察不到的抑制作用。如果我们一时忘记这一点，那就完全无法理解自然界生物组合的奥秘。无论将来什么时候，只有当我们能确切地解释为何这一物种的数目比那一物种多，为何这一物种能在某地区驯化而另一种不能时，才会由于我们解释不了单一或整群物种的灭绝而感到惊异！

复述和结论

展望未来,我发现了一个更重要也更为广阔的研究领域。心理学将在斯宾塞先生所奠定的基础,即每一智力和智能都是通过级进方式而获得的这一理论上稳固地建立起来的。人类的起源和历史也因此将得到莫大的启示。

最卓越的作者们似乎十分满足于物种特创说。依我看,地球上过去的和现生的生物之产生与灭绝,与决定个体出生与死亡的原因一样,是由第二性法则所决定的,这恰恰符合了我们所知的“造物主”给物质以印证的法则。当我们视所有的生物并不是特创的,而是寒武纪最老地层沉积之前就已存在的某些极少数生物的直系后代时,它们便显得尊贵了。根据过去的事实判断,我们可以明确地说,没有哪个现生物种可以维持其原有特征而传至遥远的未来,而且只有极少数现生的物种可能在遥远的未来留下它们的后代。其原因在于依据生物的分类方式看,每一属中的大多数物种或众多属中的全部物种都没有留下任何后代便完全灭绝了。

放眼未来,我们可以预见,能产生新的优势物种的那些最终的胜利者应该属于各个纲中较大优势群内那些最为常见的、广泛分布的物种。既然所有现生生物都是那些远在寒武纪以前就已生存过的生物的直系后代,我们可以断定,通常情况下的世代演替从来都没有中断过,而且也没有使全球生物灭绝的灾变发生。因此,我们会有一个安全、久远的未来。由于自然选择只对各个生物发生作用,并且是为了每一个生物的利益而工作,所以一切肉体上的,以及心智上的禀赋必将更加趋于完美。

看一眼缤纷的河岸吧!那里草木丛生,鸟儿鸣于丛林,昆虫飞舞其间,蠕虫在湿木中穿行,这些生物的设计是多么的精巧啊!彼此虽然如此不同,但却用同样复杂的方式互相依存;而它们又都是由发生在我们周围的那些法则产生出来的,这岂不妙哉妙哉!这些法则,广义上讲就是伴随着"生殖"的"生长";隐含在生殖之中的"遗传";由于生活条件的直接或间接作用,以及器官的使用与废弃而导致的变异;由过度繁殖引起生存斗争,从而导致自然选择、性状分化及较少改良类型的灭绝。

这样,从自然界的战争中,从饥饿和死亡里,产生了自然界最可赞美的东西——高等动物。

认为生命及其种种力量是由"造物主"[①]注入少数几个或仅仅一个类型中去的,而且认为地球这个行星按照地球的引力法则,旋转不息,并从最简单的无形物体演化出如此美丽和令人惊叹的生命体,而且这一演化过程仍在继续,这才是一种真正伟大的思想理念!

① 这里指"大自然",而非宗教上的造物主。——译者注

下　篇

学习资源

Learning Resources

扩展阅读

数字课程

思考题

阅读笔记

扩展阅读

书　名： 物种起源(增订版)(全译本)

作　者： [英]达尔文　著

译　者： 舒德干　等译

出版社： 北京大学出版社

全译本目录

数字课程

请扫描“科学元典”微信公众号二维码，收听音频。

思考题

1. 达尔文何以从神学专业毕业生脱胎换骨成进化论者?

2.《物种起源》改变世界的两个核心思想是什么?它们又是如何改变世界的?

3. 达尔文如何从地质学专家和生物学专家成为科学思想家的?

4. 达尔文生物进化论思想与在他之前的生物进化论思想有何不同?

5.《物种起源》如何为《人类的由来及性选择》埋下伏笔?

6. 如何理解“生命之树”思想的价值?

7. 为什么说孟德尔遗传学是进化论发展的伟大里程碑？

8. 生物进化论对宇宙演化论的形成有何启迪？

9. 达尔文进化论给后人留下哪些世纪难题，我们有希望破解吗？

10. 你注意到当今的反达尔文思潮吗？如果注意到，你能予以反驳吗？

阅读笔记

科学元典丛书

已出书目

1 天体运行论 [波兰] 哥白尼
2 关于托勒密和哥白尼两大世界体系的对话 [意] 伽利略
3 心血运动论 [英] 威廉·哈维
4 薛定谔讲演录 [奥地利] 薛定谔
5 自然哲学之数学原理 [英] 牛顿
6 牛顿光学 [英] 牛顿
7 惠更斯光论（附《惠更斯评传》） [荷兰] 惠更斯
8 怀疑的化学家 [英] 波义耳
9 化学哲学新体系 [英] 道尔顿
10 控制论 [美] 维纳
11 海陆的起源 [德] 魏格纳
12 物种起源（增订版） [英] 达尔文
13 热的解析理论 [法] 傅立叶
14 化学基础论 [法] 拉瓦锡
15 笛卡儿几何 [法] 笛卡儿
16 狭义与广义相对论浅说 [美] 爱因斯坦
17 人类在自然界的位置（全译本） [英] 赫胥黎
18 基因论 [美] 摩尔根
19 进化论与伦理学（全译本）（附《天演论》） [英] 赫胥黎
20 从存在到演化 [比利时] 普里戈金
21 地质学原理 [英] 莱伊尔
22 人类的由来及性选择 [英] 达尔文
23 希尔伯特几何基础 [德] 希尔伯特
24 人类和动物的表情 [英] 达尔文
25 条件反射：动物高级神经活动 [俄] 巴甫洛夫
26 电磁通论 [英] 麦克斯韦
27 居里夫人文选 [法] 玛丽·居里
28 计算机与人脑 [美] 冯·诺伊曼
29 人有人的用处——控制论与社会 [美] 维纳
30 李比希文选 [德] 李比希
31 世界的和谐 [德] 开普勒
32 遗传学经典文选 [奥地利] 孟德尔 等
33 德布罗意文选 [法] 德布罗意
34 行为主义 [美] 华生
35 人类与动物心理学讲义 [德] 冯特
36 心理学原理 [美] 詹姆斯
37 大脑两半球机能讲义 [俄] 巴甫洛夫
38 相对论的意义：爱因斯坦在普林斯顿大学的演讲 [美] 爱因斯坦
39 关于两门新科学的对谈 [意] 伽利略
40 玻尔讲演录 [丹麦] 玻尔
41 动物和植物在家养下的变异 [英] 达尔文

42 攀援植物的运动和习性	[英] 达尔文
43 食虫植物	[英] 达尔文
44 宇宙发展史概论	[德] 康德
45 兰科植物的受精	[英] 达尔文
46 星云世界	[美] 哈勃
47 费米讲演录	[美] 费米
48 宇宙体系	[英] 牛顿
49 对称	[德] 外尔
50 植物的运动本领	[英] 达尔文
51 博弈论与经济行为(60 周年纪念版)	[美] 冯·诺伊曼 摩根斯坦
52 生命是什么(附《我的世界观》)	[奥地利] 薛定谔
53 同种植物的不同花型	[英] 达尔文
54 生命的奇迹	[德] 海克尔
55 阿基米德经典著作	[古希腊] 阿基米德
56 性心理学、性教育与性道德	[英] 霭理士
57 宇宙之谜	[德] 海克尔
58 植物界异花和自花受精的效果	[英] 达尔文
59 盖伦经典著作选	[古罗马] 盖伦
60 超穷数理论基础(茹尔丹 齐民友 注释)	[德] 康托
61 宇宙(第一卷)	[德] 亚历山大·洪堡
62 圆锥曲线论	[古希腊] 阿波罗尼奥斯
化学键的本质	[美] 鲍林

科学元典丛书(彩图珍藏版)

自然哲学之数学原理(彩图珍藏版)	[英] 牛顿
物种起源(彩图珍藏版)(附《进化论的十大猜想》)	[英] 达尔文
狭义与广义相对论浅说(彩图珍藏版)	[美] 爱因斯坦
关于两门新科学的对话(彩图珍藏版)	[意] 伽利略
海陆的起源(彩图珍藏版)	[德] 魏格纳

科学元典丛书(学生版)

1 天体运行论(学生版)	[波兰] 哥白尼
2 关于两门新科学的对话(学生版)	[意] 伽利略
3 笛卡儿几何(学生版)	[法] 笛卡儿
4 自然哲学之数学原理(学生版)	[英] 牛顿
5 化学基础论(学生版)	[法] 拉瓦锡
6 物种起源(学生版)	[英] 达尔文
7 基因论(学生版)	[美] 摩尔根
8 居里夫人文选(学生版)	[法] 玛丽·居里
9 狭义与广义相对论浅说(学生版)	[美] 爱因斯坦
10 海陆的起源(学生版)	[德] 魏格纳
11 生命是什么(学生版)	[奥地利] 薛定谔
12 化学键的本质(学生版)	[美] 鲍林
13 计算机与人脑(学生版)	[美] 冯·诺伊曼
14 从存在到演化(学生版)	[比利时] 普里戈金
15 九章算术(学生版)	(汉)张苍 耿寿昌
16 几何原本(学生版)	[古希腊] 欧几里得